Fouad Soliman
Hamed Mira
Karima Mahmoud

Perovskite para o futuro brilhante das células solares

Fouad Soliman
Hamed Mira
Karima Mahmoud

Perovskite para o futuro brilhante das células solares

ScienciaScripts

Cover image: www.ingimage.com

This book is a translation from the original published under ISBN 978-620-7-99546-2.

Publisher:
Sciencia Scripts
is a trademark of
Dodo Books Indian Ocean Ltd. and OmniScriptum S.R.L publishing group

120 High Road, East Finchley, London, N2 9ED, United Kingdom
Str. Armeneasca 28/1, office 1, Chisinau MD-2012, Republic of Moldova, Europe
Printed at: see last page
ISBN: 978-620-7-96804-6

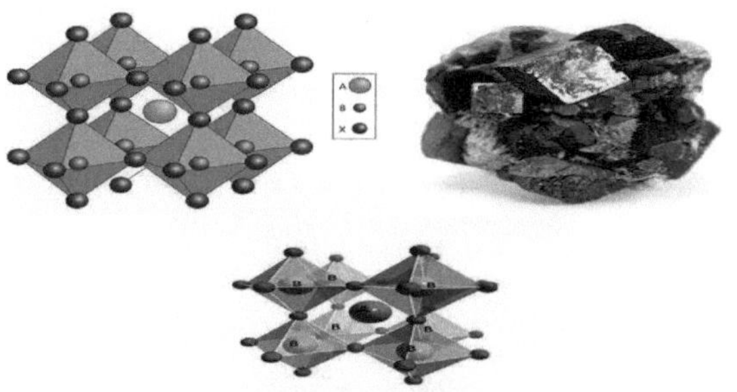

Perovskite para o futuro brilhante das células solares

Fouad A. S. Soliman Hamed I. E. Mira Karima A. Mahmoud

Autoridade de Materiais Nucleares, Cairo, Egito.

Investigador de Física.

THIN FILM
PEROVSKITE SOLAR CELL

Transparent Conductive Oxide (TCO)
Glass
Electron Conductor
PEROVSKITE
Electrode
Hole conductor

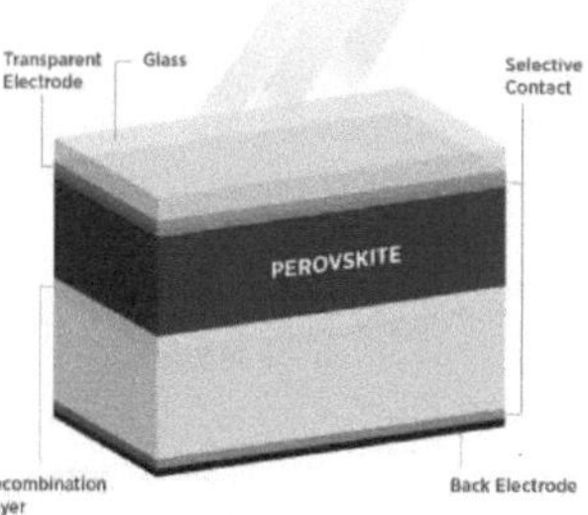

julho de 2024

Sobre os autores

Dr. Eng. Fouad A. S. Soliman

Prof. de Engenharia Eletrónica e de Computadores,
Nuclear Materials Authority, Cairo, Egito.

Membro do Conselho Editorial de:

- **Progress in Photovoltaic, "Research and Applications", John Wiley and Sons, Reino Unido, desde 1993,**
- **Periódicos da Associação para o Avanço das Técnicas de Modelação e Simulação, AMSE, Lune, França,**
- **Revista Internacional de Ciências da Computação e Aplicações de Engenharia (IJCSEA).**

Membro de:

- **Associação Americana para o Avanço das Ciências, N.Y., E.U.A,**
- **Academia de Ciências de Nova Iorque, Nova Iorque, E.U.A.**

Escolhido para:

- **Who's Who in the World, A.N. Marquis, N.J., U. S. A.**
- **Outstanding People of the 20thCentury, International Biographical Center de Cambridge, Inglaterra.**

Ensino nas universidades

- **Ensino dos estudantes de pós-graduação nas universidades egípcias.**

Publicações e supervisão de M.Sc. e Ph.D.
Artigos e teses supervisionadas
- **Cerca de 200**

Livros:

[1]. Fouad A. S. Soliman, **"A Novel Look on the world of Nanotechnology para hoje e para o futuro"**, Livro publicado, Lambert Academic Publishing, Omni- Scriptum GmbH and Co. KG, fevereiro de 2016,
ISBN 978-3-659-83496-7.

[2]. F. A. S. Soliman, **"Energy and the Future of Civilizations"**, publicado em
Livro, Lambert Academic Publishing, Omni-Scriptum GmbH and Co. KG, abril de 2016.
ISBN 978-3-659-88129-9.

[3]. F. A. S. Soliman, **"Characterization, Simulation, Applications, Deployment and Economics of Solar Energy"**, Lambert Academic Publishing, LAP, Saarbrücken, Alemanha, maio de 2016.
ISBN 978-3-659-89387-2.

[4]. Fouad A. S. Soliman **e Hoda A. Ashry, "Role of the Nuclear A tecnologia na vida quotidiana do homem"**, Livro publicado, Lambert Publicação académica, Omni-Scriptum, GmbH and Co. KG, maio de 2016.
ISBN 978-3-659-90461-5.

[5]. Fouad A. S. Soliman, **Safaa M. R. El-ghanam e Ashraf M. Abdel-Maksoud, "Impact of Outer Space Environment on Electronic Devices and Systems"**, Livro publicado, Lambert Academic Publishing, Omni-Scriptum GmbH e Co. KG, julho de 2016.
ISBN: 978-3-659-93044-7

[6]. **H. A. Ashry,** Fouad A. S. Soliman **e S. A. Kamh, "Nuclear Technologia: Geração Futura, Proteção e Monitorização", Publicado Livro, Lambert Academic Publishing, Omni-Scriptum GmbH e Co. KG, agosto de 2016.**
ISBN: 978-3-659-93921-1

[7]. Fouad. A.S. Soliman, **"Agriculture in Remote Areas Based on Solar Energia", Livro Publicado,** Lambert Academic Publishing, Omni-Scriptum GmbH & Co. KG, setembro de 2016.
ISBN: 978-3-659-95267-8

[8]. Fouad A. S. Soliman, **" Solar-Wind Hybrid Renewable Energy for Agricultura Sustentável"**, Livro Publicado, Lambert Academic Publishing, Omni- Scriptum GmbH and Co. KG, outubro de 2016,
Número:145917
ISBN: 978-3-659-96384-1

[9]. Fouad A. S. Soliman, **Linhas de Transmissão de Alta Tensão: Importância,
Maintenance and Risks"**, Livro Publicado, Lambert Academic Publishing, Omni- Scriptum GmbH e Co. KG, novembro de 2016,
Número:147937,

ISBN: 978-3-330-00309-5.

[10]. **Hoda A. Ashry e Fouad A. S. Soliman, Nuclear Analytical Techniques e Ciências Modernas,** Livro Publicado, Lambert Academic Publishing, Omni- Scriptum, GmbH and Co. KG, dezembro, 2016, No. : 149558,
ISBN: 978-3-330-01772-6.

[11]. **Fouad A. S. Soliman, Energia: História, Definições, Formas, Transformações.**
formação e aplicações, Livro Publicado, Lambert Academic Publishing, Omni- Scriptum, GmbH and Co. KG, janeiro de 2017.
ISBN: 978-3-330-02939-2.

[12]. **Fouad A. S. Soliman, All About Nuclear Materials, Livro Publicado,** Lambert Academic Publishing, Omni- Scriptum GmbH and Co. KG, 2017. ID do projeto (150859)
ISBN:978-3-330-03643-7.

[13]. **Fouad A. S. Soliman e Hoda A. Ashry, Focus on the Treasures of A Terra,** Livro Publicado, Lambert Academic Publishing, Omni-Scriptum GmbH and Co. KG, fevereiro de 2017.
ISBN: 978-3-659-85407-1.

[14]. **Fouad A. S. Soliman, Geothermal Energy Technology,** publicado em Livro, Lambert Academic Publishing, Omni-Scriptum GmbH and Co., KG., maio de 2017.
ISBN: 978-3-330-31808-3.

[15]. **Fouad A. S. Soliman, Marine Power Technology and Future of Energia,** Livro publicado, Lambert Academic Publishing, Omni-Scriptum
GmbH e Co. KG, junho de 2017.
ISBN: 978-3-330-32467-1.

[16]. **Fouad A. S. Soliman e Hoda A. Ashry, Atomic Batteries: the Easy Energia para o futuro", Livro publicado,** Lambert Academic Publishing, Omni-Scriptum. GmbH and Co. KG, julho de 2017.
ISBN:978-3-330-35308-4.

[17]. **Fouad A. S. Soliman e Hoda A. Ashry, Evolution of Synchrotron A radiação e a sua importância",** Livro publicado, Lambert Academic Publishing, Omni-Scriptum GmbH and Co. KG, agosto de 2017.
ISBN: 978-620-2-01385-7

[18]. **Fouad A. S. Soliman, "Mechatronics: Multidisciplinary Engenharia",** Livro Publicado, Lambert Academic Publishing, Omni-Scriptum, GmbH e Co. KG, agosto de 2017.
ISBN: 978-620-0-43740-2.

[19]. **Fouad A. S. Solimna e Hoda A. Ashry, "Gold and Silver Recovery from Electronic Waste", Recuperação de ouro e prata de resíduos electrónicos**

Resíduos", Livro publicado Lambert Academic Publishing, Omni-Scriptum GmbH and Co. KG, Set. 2017.
ISBN: 978-620-2-04988-7.

[20]. Fouad A. S. Soliman, **Amira A El-laboudi, e Manal Mahdi, "Colheita de energia e necessidades humanas futuras"**, Livro publicado, Lambert Academic Publishing, Omni-Scriptum GmbH e Co. KG, novembro de 2017.
ISBN: 978-620-2-07981-5.

[21]. **Hoda A. Ashry e** Fouad A. S. Soliman, **"World of Neurons"**, Livro publicado, Lambert Academic Publishing, Omni- Scriptum GmbH and Co. KG, janeiro de 2018.
ISBN: 978-613-4-97714-2.

[22]. Fouad A. S. Soliman, **"Role of Engineering in Therapy"**, publicado em Livro Lambert Academic Publishing, Omni- Scriptum GmbH and Co. KG, abril de 2018.
ISBN: 978-613-9-58735-3.

[23]. Fouad A. S. Soliman, **"New Trends in Exploring Earth Treasures"**, Livro publicado, Lambert Academic Publishing, Omni- Scriptum GmbH Co. KG, Nov. 2019.
ISBN: 978-620-0-46469-9.

[24]. Fouad A. S. Soliman, **"Energy: Resources, Derivative, Sustainability and Development"**, Livro publicado Lambert Academic Publishing, Omni-Scriptum GmbH e Co. KG, dezembro de 2019.

[25]. Fouad A. S. Soliman **e Hamed I. E. Mira, "Nuclear Power: História, materiais, economia e futuro"**, Livro publicado Lambert Publicação académica, Omni-Scriptum GmbH & Co. KG, janeiro de 2020.
ISBN: 978-620-0-46407-1.

[26]. Fouad A. S. Soliman, **"Renewable Energy and the Future of Human Vida"**, Livro publicado. Lambert Academic Publishing. Omni-Scriptum GmbH e Co.KG, fevereiro de 2020.
ISBN: 978-620-0-53632-7.

[27]. Fouad A. S. Soliman, **Safaa M. R. El-ghanam, e Ashraf M. Abdel-maksoud, "Environmental Impact of the Energy Industry"**, Livro publicado Lambert Academic Publishing, Omni-Scriptum GmbH and Co. KG, fevereiro de 2020.
ISBN: 978-620-0-57165-6.

[28]. Fouad A. S. Soliman **e Amira Abdel-Magid, "Projections, Develo-pamentos e explorações de recursos energéticos renováveis"** Livro publicado, Lambert Academic Publishing, Omni-Scriptum GmbH

and Co. KG, março de 2020.
ISBN: 978-620-065158-7.

[29]. **Fouad A. A. Soliman, e Wafaa Abd El-Basit, "Smart Photovoltaic As tecnologias e o futuro da energia"**, livro publicado, Lambert Publicação académica, **Omni-Scriptum** GmbH e Co. KG, março de 2020.
ISBN: 978-620-251267-1.

[30]. **Fouad A. S. Soliman, and Sanaa A. Kamh", Open Source Hardware Tecnologia,** Livro Publicado, Lambert Academic Publishing, Omni-Scriptum GmbH and Co. KG, abril de 2020.
ISBN: 978-620-2-51639-6.

[31]. **Fouad A. S. Soliman, "Renewable Energy Technologies for Salt Dessalinização da água",** Livro publicado, Lambert Academic Publishing, Omni-Scriptum GmbH e Co. KG, maio de 2020.
ISBN: 978-620-2-52159-8.

[32]. **Fouad A. S. Soliman, "New Trends in Renewable Energy for Humanity Benefits",** Livro publicado, Lambert Academic Publishing, Omni-Scriptum GmbH e Co. KG, maio de 2020.
ISBN: 978-620-2-51887-1.

[33]. **Fouad A. S. Soliman, e Ashraf M. Abdel-maksoud, "Energy Armazenamento, Transmissão e Monitorização",** Livro Publicado, Lambert Publicação académica, Omni-Scriptum GmbH e Co. KG, maio de 2020.
ISBN: 978-6213-94971-2

[34]. **Fouad S. S. Soliman, "Climate Effects on PV-Systems and their Manutenção e Reciclagem",** Livro Publicado, Lambert Academic Publicação, Omni-Scriptum GmbH e Co. KG, junho de 2020.
ISBN: 978-620-2-56451-9.

[35]. **Fouad A. S. Soliman e Hamed I. E. Mira, "Drones: The Future of Veículos Aéreos Não Tripulados",** Livro publicado Lambert Academic Publishing, Omni-Scriptum GmbH e Co. KG, junho de 2020.
ISBN: 978-620-2-66811-8.

[36]. **Fouad A. S. Soliman, "Airborne Geophysical & Remote Sensing Based on DroneAircrafts",** livro publicado, Lambert Academic Publicação, Omni-Scriptum GmbH e Co. KG, julho de 2020.
ISBN: 978-620-2-67331-0.

[37]. **Fouad A. S. Soliman, e Safaa M. El-ghanam "The World of Tecnologias de energias renováveis",** Livro publicado, Lambert Academic Publicação, Omni-Scriptum GmbH e Co. KG, agosto de 2020.
ISBN: 978-620-2-68432-3.

[38]. Fouad A. S. Soliman, e **Ashraf M. Abedel-maksoud", Tecnologias of Stand-Alone and Distributed Energy Systems",** Livro Publicado, Lambert Academic Publishing, Omni-Scriptum GmbH and Co. KG, setembro de 2020.
ISBN: 978-620-0-50455-6.

[39]. Fouad A. S. Soliman, **A Novel and Efficient Aerial Techniques for Deteção de UXO,** Livro Publicado, Lambert Academic Publishing, Omni-
Scriptum GmbH and Co. KG, setembro de 2020.
ISBN: 978-620-2-79934-8

[40]. Fouad A. S. Soliman, e **Ashraf M. Abedel-maksoud, "Technology and Future of Nano-fluids",** Livro publicado, Lambert Academic Publicação, Omni-Scriptum GmbH e Co. KG, setembro de 2020.
ISBN: 978-620-2-80132-4.

[41]. Fouad A. S. Soliman, e **Safaa M. El-ghanam,** "New Trends in the Produção, conversão, transmissão e armazenamento de energia",
Livro publicado, Lambert Academic Publishing, Omni-Scriptum
GmbH e Co. KG, outubro de 2020.
ISBN: 978-620-2-80878-1.

[42]. Fouad A. S. Soliman, **"Remote Monitoring, Net Metering, Fault Deteção e Manutenção Preditiva de Sistemas Eléctricos de Potência.** Livro publicado, Lambert Academic Publishing, Omni-Scriptum GmbH and Co. KG, outubro de 2020.
ISBN: 978-3-330-06474-4.

[43]. Fouad A. S. Soliman**, A. A. Abu Talib e Doaa H. Hanafy, "PV Shockley-Queasier, Maximum Power, Green Houses e Rooftop Estações",** Livro Publicado, Lambert Academic Publishing, Omni-Scriptum GmbH e Co. KG, outubro de 2020.
ISBN: 978-620-2.92085-8.

[44]. Fouad A. S. Soliman**, Wafaa A. Zekri, Soha Abel-Azim, Environ-Impacto mental da produção, transporte e distribuição de eletricidade**
Indústria", Livro Publicado, Lambert Academic Publishing, Omni-Scriptum GmbH e Co. KG, novembro de 2020.
ISBN: 978-620-3-02581-1.

[45]. Fouad A. S. Soliman e **Safaa R. El-ghanam, Future Energy DevelopMent**, Livro Publicado, Lambert Academic Publishing, Omni-Scriptum GmbH e Co. KG, novembro de 2020.
ISBN: 978-620-3-041132.

[46]. Fouad A. S. Soliman **e Hamed I. E. Mira, "For More Efficient Solar Energy Applications",** Livro publicado Lambert Academic Publicação, Omni-Scriptum GmbH e Co. KG, dezembro de 2020.

ISBN: 978-620-801002.

[47]. **Fouad A. S. Soliman**, e **Sanaa A. Kamh,** "New Trends in Micro-and Hybrid-Energy Grids", Livro publicado, Lambert Academic **Publishing**, Omni-Scriptum. GmbH and Co. KG, dezembro de 2020. **ISBN: 978-620-2-92022-3.**

[48]. **Fouad A. S. Soliman, "Trends in Renewable Energy Resources Gridding"**, Livro publicado Lambert Academic Publishing, Omni-Scriptum GmbH and Co. KG, janeiro de 2021. **ISBN: 978-620-3-30339-1.**

[49]. **Fouad A. S. Soliman** e **Wafaa Abdel Basit Zekri, "Gridding of Sistemas Inteligentes de Energia Solar",** Livro Publicado, Lambert Academic Publishing, Omni-Scriptum, GmbH and Co., K.G. março de 2021. **ISBN: 978-620-3-46312-5.**

[50]. **Fouad A. S. Soliman** e **Safaa R. El-ghanam, "New Trends in Sistema Fotovoltaico"**, Livro Publicado, Lambert Academic Publishing, Omni-Scriptum GmbH and Co., K.G., dezembro de 2020. **ISBN: 978-620-3-47075-8.**

[51]. **Fouad A. S. Soliman, "Automatic Monitoring of PV-Systems',** Livro publicado Lambert Academic Publishing, Omni-Scriptum GmbH e Co. KG, setembro de 2021. **ISBN: 978-620-3-58196-6.**

[52]. **Fouad A. S. Soliman,** e **Ashraf M. Abedel-maksoud, "Marine Power: O Futuro das Energias Renováveis,** Livro Publicado, Lambert Publicação académica, Omni-Scriptum GmbH and Co. KG, novembro, 2021. **ISBN: 978-620-4-71792-0163.**

[53]. **Fouad A. S. Soliman, "Carbon Capture and Sequestration",** Livro publicado Lambert Academic Publishing, Omni-Scriptum GmbH and Co. KG, novembro de 2021. **ISBN: 978-620-4-72561-1163.**

[54]. **Fouad A. S. Soliman, e Hoda A. Ashry, "Role of Electronics and Informática em medicina energética",** Livro publicado Lambert Publicação académica, Omni-Scriptum GmbH and Co. KG, Nov. 2021. **ISBN: 978-620-4-727387.**

[55]. **Fouad A. S. Soliman, e Nehal Abou-el fotoh Ali, "Future Desafios da Eletrónica Baseada em Piezoeléctricos",** Livro Publicado Lambert Academic Publishing Omni-Scriptum GmbH and Co. KG, dezembro de 2021. **ISBN: 978-620-4-70844.**

[56]. **Fouad A. S. Soliman, Ayman H. Shanash e Nehal Abou-el fotoh Ali, "Sustainale Energy for Human Safety and Luxury",** publicado em

Livro Lambert Academic Publishing, Omni-Scriptum GmbH and Co. KG, janeiro de 2022.
ISBN: 978-620-4-73029-1163.

[57]. **Fouad A. S. Soliman, e Nehal Abou-el fotoh Ali, "World of Osmo-Tic Phenomenon",** Livro publicado Lambert Academic Publishing, Omni-Scriptum GmbH & Co. KG, janeiro de 2021.
ISBN: 978-620-4-73327-2164.

[58]. **Fouad A. S. Soliman, Ayman H. Shanash & Nehal Abou-el fotoh Ali, "Uma** visão profunda do futuro da energia**,** livro publicado Lambert Publicação académica, Omni-Scriptum GmbH and Co. KG, Jan. 2022.
ISBN: 978-620-4-73472-9164.

[59]. **Fouad A. S. Soliman, Ayman H. Shanash e Nehal Abou-el fotoh Ali,** "Transitioning from Fossil Fuels to Renewable Energy", publicado em
Livro Lambert Academic. Publishing, Omni-Scriptum GmbH and Co. KG, fevereiro de 2022.
ISBN: 978-620-4-74114-7164.

[60]. **Fouad A. S. Soliman, Ayman H. Shanash e Nehal Abou-el fotoh Ali, "Ocean Thermal Energy Conversion",** Livro publicado Lambert Publicação académica, Omni-Scriptum GmbH and Co. KG, Fev. 2022.
ISBN: 978-620-4-74278-61.

[61]. **Fouad A. S. Soliman, Ayman H. Shanash e Nehal Abou-el fotoh Ali, "The Rapid Movement towards Clean Green World",** publicado em
Livro Lambert Academic. Publishing, Omni-Scriptum GmbH and Co. KG, fevereiro de 2022.
ISBN: 9786-204-745 183.

[62]. **Fouad A. S. Soliman, Ayman H. Shanash e Nehal Abou-el fotoh Ali, "Engenharia de sistemas de energia renovável",** Livro publicado Lambert Academic Publishing, Omni-Scriptum GmbH e Co. KG, fevereiro de 2022.
ISBN: 978-620-4-74716-3.

[63]. **Fouad A. S. Soliman, Ayman H. Shanash e Nehal Abou-el fotoh Ali, "De A a Z sobre as energias renováveis",** livro publicado Lambert Academic Publishing, Omni-Scriptum GmbH e Co. KG, março de 2022.
ISBN: 9786-202-053099.

[64]. **Fouad A. S. Soliman, Hamed I. E. Mira e Nehal Abou-el fotoh Ali, "Passos no caminho do futuro e da conservação da energia",** publicado
Livro Lambert Academic Publishing, Omni-Scriptum GmbH and Co. KG, março de 2022.
ISBN: 9786-139-448388.

[65]. Fouad A. S. Soliman, **Nehal Abou-el fotoh Ali & Karima A. Mahmoud, "Engineering and Comfortable Smart Life"**, publicado em Livro Lambert Academic Publishing, Omni-Scriptum GmbH and Co. KG, março de 2022.
ISBN: 978-620-0-24999-91.

[66]. Fouad A. S. Soliman, **Hoda A. Ashry e Nehal Abou-el fotoh Ali, "World of Fuel Cells"**, Livro publicado Lambert Academic Publishing, Omni-Scriptum GmbH e Co. KG, abril de 2022.
ISBN: 978-620-4-74855-91.

[67]. Fouad A. S. Soliman, **Nehal Abou-el fotoh Ali e Wafaa A. Zekri, "Engenharia de Sistemas Fotovoltaicos"**, Livro publicado Lambert Publicação académica, Omni-Scriptum GmbH and Co. KG, abril de 2022.
ISBN: 978-620-4-74893-11.

[68]. Fouad A. S. Soliman, **Amira A. Abo-talib e Doaa H. Hanafy, " Papel da Engenharia Eletrónica nas Ciências Automóvel e Mecânica ence,** Livro Publicado Lambert Academic Publishing, Omni-Scriptum, GmbH e Co. KG, maio de 2022.
ISBN: 978-620-4-75130-61.

[69]. Fouad A. S. Soliman, **Nihal Abou-alfotoh Ali," Nano-fiber: The Future of Materials"**, Livro publicado Lambert Academic Publishing, Omni-Scriptum, GmbH e Co. KG, maio de 2022.
ISBN: 978-620-4-95505-616.

[70]. Fouad A. S. Soliman, **Sanaa A. Kamh e Doaa H. Hanafy, "The Brilliant Future of Lithium in Energy Storage"**, livro publicado Lambert Academic Publishing, Omni-Scriptum, GmbH e Co. KG, maio de 2022.
ISBN: 978-620-4-98014-0165519.

[71]. Fouad A. S. Soliman, **e Hamed I. E. Mira, " Stereo Microscope: a ferramenta de nano-imagem do futuro"**, livro publicado Lambert Publicação académica, Omni-Scriptum, GmbH and Co. KG, maio de 2022.
ISBN: 978-620-5489-406.

[72]. Fouad A. S. Soliman, **Amira A. Abo-talib El-laboudi e Karima A. Mahmoud, "Futuro das tecnologias híbridas de energia"**, Livro publicado Lambert Academic Publishing, Omni-Scriptum, GmbH e Co. KG, maio de 2022.
ISBN: 978-620-5489-406.

[73]. Fouad A. S. Soliman, **Wafaa Abdel-basit Zekri e Karima A. Mahmoud, "The Brilliant Future of Digital Imaging"**, publicado Livro Lambert Academic Publishing, Omni-Scriptum, GmbH and Co. KG, agosto de 2022.

ISBN: 978-6205-4956-12.

[74]. **Fouad A. S. Soliman, "Future of Interdisciplinary Sciences",** Livro publicado Lambert Academic Publishing, Omni-Scriptum, GmbH and Co. KG, outubro de 2022.
ISBN: 978-620-5-50245-71.

[75]. **Fouad A. S. Soliman e Karima A. Mahmoud, "Fewer Losses on Geração de energia renovável e aplicações",** Livro publicado Lambert Academic Publishing, Omni-Scriptum, GmbH and Co. KG, outubro de 2022.
ISBN: 978-620-4-980669.

[76]. **Fouad A. S. Soliman, Amira Abou-talib El-laboudi e Doaa H. Hassan, "Food Energy",** livro publicado, Lambert Academic Publicação, Omni-Scriptum, GmbH e Co. KG, outubro de 2022.
ISBN: 978-620-5-50995-116.

[77]. **Fouad A. S. Soliman, Wafaa Abdel-basit Zekri & Karima A. Mahmoud," O mundo brilhante do grafeno",** livro publicado Lambert Academic Publishing, Omi-Scriptum, GmbH e Co. KG, outubro de 2022.
ISBN: 978-620-5-51599-016.

[78]. **Fouad A. S. Soliman, Amira A. Abo-talib & Doaa H. Hanafy," Wind As a Mainstream Renewable Power",,** Livro publicado Lambert Publicação académica, Omni-Scriptum, GmbH and Co. KG, outubro de 2022.
ISBN: 978-620-5-52588-316.4

[79]. **Fouad A. S. Soliman, e Karima A. Mahmoud,** "Unmanned Aerial Aplicações e desenvolvimento de veículos para pesos de poucos gramas", Livro publicado Lambert Academic Publishing, Omni-Scriptum, GmbH and Co. KG, outubro de 2022.
ISBN: 978-620-4-980669.

[80]. **Fouad A. S. Soliman, e Karima A. Mahmoud,** "The Benefits of O plástico e os seus perigos iminentes para a humanidade". Livro publicado Lambert Academic Publishing, Omni-Scriptum, GmbH and Co. KG, Out. 2022.
ISBN: 978-620-5622472.

[81]. **Fouad A. S. Soliman, e Karima A. Mahmoud, "Advanced Tecnologias para prospeção e mineração de ouro",** Livro publicado Lambert Academic Publishing, Omni-Scriptum, GmbH and Co. KG, fevereiro de 2023.
ISBN: 978-620-6142263.

[82]. **Fouad A. S. Soliman, e Karima A. Mahmoud, "Neuro-linguistic Programing",** Livro publicado Lambert Academic Publishing, Omni-

Scriptum, GmbH e Co. KG, março de 2023.
ISBN: 978-620-14432.

[83]. Fouad A. S. Soliman, e Karima A. Mahmoud, "Future Techniques In Mind Mapping", Livro publicado Lambert Academic Publishing, Omni-Scriptum, GmbH, and Co. KG, março de 2023.
ISBN: 978-6206-147640.

[84]. Fouad A. S. Soliman, e Hamid I. E. Mira, "Copper for Bright O futuro das energias renováveis", Livro publicado Lambert Academic Publicação, Omni-Scriptum, GmbH e Co. KG, março de 2023.
ISBN: 978-6206-142263.

[85]. Fouad A. S. Soliman, Amira A. Abo-talib e Doaa H. Hanafy, Renewable Energy the Power of World by 2050", Livro publicado Lambert Academic Publishing, Omni-Scriptum, GmbH e Co. KG, março de 2023. abril de 2023.
ISBN: 978-6206-153573.

[86]. Fouad A. S. Soliman e Karima A. Mahmoud, Global Energy Interligação e prática" Livro publicado Lambert Academic Publicação Omni-Scriptum, GmbH e Co. KG. abril de 2023.
ISBN: 978-6206-153573.

[87]. Fouad A. S. Soliman, Hamid I. E. Mira e Karima A. Mahmoud, "Uma visão do mundo da tecnologia da energia eólica". Publicado Livro Lambert Academic Publishing, Omni-Scriptum, GmbH and Co. KG. setembro de 2023.
ISBN: 978-6206-781967.

[88]. Fouad A. S. Soliman, Wafaa A. Zekri e Karima A. Mahmoud, "O papel do hidrogénio na vida humana". Livro publicado Lambert Publicação académica, Omni-Scriptum, GmbH e Co. KG. Set. 2023.
ISBN: 978-6206-78625-2.

[89]. Fouad A. S. Soliman, e Karima A. Mahmoud, "Future of Energias Renováveis e Técnicas de Armazenamento". Livro publicado Lambert Academic Publishing, Omni-Scriptum, GmbH e Co. KG. setembro de 2023.
ISBN: 978-6206-790570.

[90]. Fouad A. S. Soliman, Hamid I. E. Mira e Karima A. Mahmoud, "Importância, pobreza, transmissão e segurança das energias renováveis Energia". Livro publicado Lambert Academic Publishing, Omni-Scriptum, GmbH e Co. KG. setembro de 2023.
ISBN: 978-6206-8433513.

[91]. Fouad A. S. Soliman, Hamid I. E. Mira e Karima A. Mahmoud, "Rumo a 100 % de energias renováveis". Livro publicado Lambert Academic Publishing, Omni-Scriptum, GmbHand Co. KG. Dez. 2023.

ISBN: 978-620-7-44774-9.

[92]. **Fouad A. S. Soliman, e Karima A. Mahmoud, "Vehicles Operação para um futuro não poluído".** Livro publicado Lambert Publicação académica, Omni-Scriptum, GmbH e Co. KG. Dez. 2023. **ISBN: 978-620-7-45399-3.**

[93]. **Fouad A. S. Soliman, e Karima A. Mahmoud, "World of Fotónica".** Livro publicado Lambert Academic Publishing, Omni-Scriptum, GmbH e Co. KG. dezembro de 2023. **ISBN: 978-620-7-45399-3.**

[94]. **Fouad A. S. Soliman, e Karima A. Mahmoud, "Electronics and Informática para eleições justas".** Livro publicado Publicação académica, Omni-Scriptum, GmbH e Co. KG. Dez. 2023. **ISBN: 978-620-7-474783.**

[95]. **Fouad A. S. Soliman e Karima A. Mahmoud, "Phosphates, Ácidos Fosfóricos e Células Fule".** Livro publicado Lambert Academic Publishing, Omni-Scriptum, GmbH and Co. KG. dezembro de 2023. **ISBN: 978-620-7-484935.**

[96]. **Fouad A. S. Soliman, e Karima A. Mahmoud, "Waste Heat Recovery for Power Generation Applications".** Livro publicado Lambert Academic Publishing, Omni-Scriptum, GmbH e Co. KG. dezembro de 2023. **ISBN: 978-620-7-48768-4.**

[97]. **Fouad A. S. Soliman, e Karima A. Mahmoud, "Solar Energy Engenharia".** Livro publicado Lambert Academic Publishing, Omni-Scriptum, GmbH e Co. KG, maio de 2024. **ISBN: 978-620-7-64062-1.**

[98]. **Fouad A. S. Soliman, e Karima A. Mahmoud, "New Look to the O mundo da energia negra e dos materiais".** Livro publicado Lambert Publicação académica, Omni-Scriptum, GmbH e Co. KG, junho de 2024. **ISBN: 978-620-7-64872-6.**

[99]. **Fouad A. S. Soliman, e Karima A. Mahmoud, "Inteligência Artificial e o Futuro da Humanidade**". Livro publicado Lambert Academic Publi-shing, Omni-Scriptum, GmbH e Co. KG, junho de 2024. **ISBN: 978-620-7-65198-6.**

[100]. **Fouad A. S. Soliman, e Karima A. Mahmoud, "Technological Road-mapas para o objetivo de emissões líquidas zero até 2030 e 2050**". Livro publicado Lambert Academic Publishing, Omni - Scriptum, GmbH and Co. KG, junho 2024. **ISBN: 978-620-7-809264.**

Dr. Hamed I. E. Mira
Prof. Geologia e Geoquímica
Presidente, Autoridade para os Materiais Nucleares, Cairo, Egito.

- **"Energia Nuclear: História, Materiais, Economia e Futuro",** Livro publicado Lambert
- Publicação académica, Omni-Scriptum GmbH and Co. KG, janeiro de 2020.
  ISBN 978-620-0-46407-1.
- **"Drones: The Future of Unmanned Aerial Vehicles",** livro publicado Lambert Academic Publishing, Omni-Scriptum GmbH and Co. KG, junho de 2020.
  ISBN: 978-620-2-66811-8.
- **"Para aplicações de energia solar mais eficientes",** livro publicado Lambert Academic Publishing, Omni-Scriptum GmbH and Co. KG, dezembro de 2020.
- **ISBN 978-620-801002.**
- **" Estradas Solares: The Future of Renewable Energy",** Livro publicado Lambert Academic Publishing,Omni-Scriptum GmbH and Co. KG, Jan.2021.
- **ISBN 978-620-3-19965-9.**
- **"Steps on the Way of Energy Future and Conservation",** Livro publicado Lambert Academic Publishing, Omni-Scriptum GmbH and Co. KG, março de 2022.
- **ISBN: 9786-139-448388.**
- **" Stereo Microscope: the Nano-imaging Tool of Future",** Livro publicado Lambert Academic Publishing, Omni-Scriptum, GmbH and Co. KG, maio de 2022.
- **ISBN: 978-620-5489-406.**
- **"Copper for Bright Future of Renewable Energy",** Livro publicado Lambert Academic Publishing, Omni-Scriptum, GmbH and Co. KG, março de 2023.
  ISBN: 978-6206-142263.
- **"Importância, Pobreza, Transmissão, Segurança das Energias Renováveis".** Livro publicado Lambert Academic Publishing, Omni-Scriptum, GmbH and Co. KG. Set. 2023.
  ISBN: 978-6206-8433513.
- **"Uma visão do mundo da tecnologia da energia eólica".** Livro publicado Lambert Academic Publishing, Omni-Scriptum, GmbH and Co. KG. setembro de 2023.
  ISBN: 978-6206-781967.

Karima A. Mahmoud
Investigador de Física

[1]. **Fouad A. S. Soliman e Karima A. Mahmoud, "Future of Materiais Compósitos"** Livro publicado, Lambert Academic Publishing, Omni-Scriptum GmbH e Co. KG, julho de 2019.
ISBN 978-620-0-24780-3.

[2]. **Fouad A. S. Soliman** e Karima A. Mahmoud, **"Neurons Modeling e Circuitos Eléctricos Equivalentes",** Publishing, Omni-Scriptum GmbH
and Co. KG, agosto de 2019.
ISBN 978-620-0-29375-6.

[3]. **Fouad A. S. Soliman** e Karima A. Mahmoud **"Future of Electron Beam Applications",** Publishing, Omni-Scriptum GmbH and Co. KG, setembro de 2019.
ISBN 978-620-0-43740-2.

[4]. **Fouad A.S.Soliman e Karima A. Mahmoud, "Renewable Energy e o futuro da vida humana",** Livro publicado Lambert Academic Publicação, Omni-Scriptum GmbH e Co. KG, fevereiro de 2020.
ISBN 978-620-0-53632-7.

[5]. **Fouad A. S. Soliman,** Karima A. Mahmoud e Amira Abdel-magid, **"Projecções, desenvolvimentos e explorações de energias renováveis Recursos"** Livro publicado, Lambert Academic Publishing, Omni Scriptum GmbH and Co. KG, março de 2020.
ISBN 978-620-065158-7.

[6]. **Fouad A. A. Soliman,** Wafaa Abd El-Basit e **Karima A. Mahmoud,** **"Tecnologias fotovoltaicas inteligentes e o futuro da energia"**, Livro publicado, Lambert Academic Publishing, Omni- Scriptum GmbH and Co. KG, março de 2020.
ISBN 978-620-251267-1

[7]. **Fouad A. S. Soliman, Sanaa A.Kamh e Karima A. Mahmoud", Tecnologia de hardware de código aberto,** Livro publicado, Lambert Publicação académica, Omni-Scriptum GmbH e Co. KG, abril de 2020.
ISBN 978-620-2-51639-6.

[8]. **Fouad A. S. Soliman e Karima A. Mahmoud, "New Trends in Benefícios das energias renováveis para a humanidade",** livro publicado, Lambert
Publicação académica, Omni-Scriptum GmbH e Co. KG, maio de 2020.
ISBN 978-620-2-51887-1.

[9]. **Fouad A. S. Soliman, Ashraf M. Abdel-maksoud e Karima A. Mahmoud," Energy Storage, Transmission and Monitoring",** Livro publicado, Lambert Academic Publishing, Omni-Scriptum GmbH e Co. K.G., maio de 2020.

ISBN 978-6213-94971-2.

[10]. **Fouad A. S. Soliman**, Karima A. Mahmoud e Amira Abdel-Magid, **"Projecções, desenvolvimentos e explorações de energias renováveis Recursos"** Livro publicado, Lambert Academic Publishing, Omni-Scriptum GmbH and Co. KG, março de 2020.
ISBN 978-620-065158-7.

[11]. **Fouad A. A. Soliman**, Wafaa Abd El-Basit e Karima A. Mahmoud" **Smart Photovoltaic Technologies and the Future of Energy"** **(Tecnologias fotovoltaicas inteligentes e o futuro da energia)**, Livro publicado, Lambert Academic Publishing, Omni- Scriptum GmbH and Co. KG, março de 2020.
ISBN 978-620-251267-1

[12]. **Fouad A. S. Soliman, Sanaa A. Kamh e** Karima A. Mahmoud**",** **Tecnologia de hardware de código aberto,** Livro publicado, Lambert Publicação académica, Omni-Scriptum GmbH e Co. KG, abril de 2020.
ISBN 978-620-2-51639-6

[13]. **Fouad A. S. Soliman e** Karima A. Mahmoud, **" New Trends in Benefícios das energias renováveis para a humanidade",** livro publicado, Lambert Publicação académica, Omni-Scriptum GmbH and Co. KG, maio de 2020.
ISBN 978-620-2-51887-1.

[14]. **Fouad A. S. Soliman, Ashraf M. Abdel-maksoud e** Karima A. Mahmoud, **"Armazenamento, transmissão e monitorização de energia",** Livro publicado, Lambert Academic Publishing, Omni-Scriptum GmbH and Co. KG, maio de 2020.
ISBN 978-613-4-94971-2.

[15]. **Fouad S. S. Soliman, e** Karima A. Mahmoud, **"Climate Effects on Sistemas fotovoltaicos e sua manutenção e reciclagem",** Livro publicado, Lambert Academic Publishing, Omni-Scriptum GmbH e Co. KG, junho 2020.
ISBN 978-620-2-56451-9.

[16]. **Fouad A. S. Soliman, Safaa M. El-Ghanam e** Karima A. Mahmoud, **"O mundo das tecnologias de gel",** Livro publicado, Lambert Academic Publishing, Omni-Scriptum GmbH e Co. KG, agosto de 2020.
ISBN 978-620-2-68432-3.

[17]. **Fouad A. S. Soliman, Ashraf M. Abedel-maksoud e** Karima A. Mahmoud**", Tecnologias de energia autónoma e distribuída Systems",** Livro Publicado, Lambert Academic Publishing, Omni-

Scriptum GmbH and Co. KG, setembro de 2020.
ISBN 978-620-0-50455-6.

[18]. **Fouad A. S. Soliman, Ashraf M. Abedel-maksoud e Karima A. Mahmoud", Technology and Future of Nano-fluids",** Livro publicado,
Lambert Academic Publishing, Omni-Scriptum GmbH and Co. KG, setembro de 2020.
ISBN 978-620-2-80132-4.

[19]. **Fouad A. S. Soliman, Sanaa A. Kamh e Karima A. Mahmoud,** "New Trends in Micro-and Hybrid- Energy Grids", Livro Publicado, Lambert Academic **Publishing**, Omni-Scriptum GmbH and Co. KG, dezembro de 2020.
ISBN 978-620-2-92022-3.

[20]. **Fouad A. S. Soliman, Safaa R. El-Ghanam e Karima A. Mahmoud, "New Trends in Photovoltaic System", Livro** publicado, **Lambert Academic Publishing, Omni-Scriptum GmbH and Co., K.G. Dez. 2020.**
ISBN 978-620-3-47075-8.

[21]. **Fouad A. S. Soliman, Hamed I. E. Mira e Karima A. Mahmoud, "Pneus de sucata entre as tecnologias de reciclagem e de bioenergia",**
Livro publicado Lambert Academic Publishing, Omni-Scriptum GmbH and Co. KG, março de 2021.
ISBN 978-620-57464-7.

[22]. **Fouad A. S. Soliman e Karima A. Mahmoud, "Automatic Monitoring of PV-Systems',** Livro publicado Lambert Academic. Publicação, Omni-Scriptum GmbH e Co. KG, setembro de 2021.
ISBN 978-620-3-58196-6.

[23]. **Fouad A. S. Soliman, Hamed I. E. Mira e Karima A. Mahmoud, "Hidrogénio: O Futuro dos Combustíveis sem Carbono",** Livro Publicado
Lambert Academic Publishing, Omni-Scriptum GmbH e Co. KG, outubro de 2021.
ISBN 978-620-40 20741-4.

[24]. **Fouad A. S. Soliman, e Karima A. Mahmoud,** "Unmanned Aerial Aplicações e desenvolvimento de veículos para pesos de poucos gramas",
Livro publicado Lambert Academic Publishing, Omni-Scriptum, GmbH and Co. KG, outubro de 2022.
ISBN: 978-620-4-980669.

[25]. **Fouad A. S. Soliman, e Karima A. Mahmoud,** "The Benefits of O plástico e os seus perigos iminentes para a humanidade", livro publicado

Lambert Academic Publishing, Omni-Scriptum, GmbH e Co. KG, outubro de 2022.
ISBN: 978-620-5622472.

[26]. **Fouad A. S. Soliman, e Karima A. Mahmoud, "Advanced Tecnologias para prospeção e mineração de ouro",** Livro publicado Lambert Academic Publishing Omni-Scriptum, GmbH e Co. KG, fevereiro de 2023.
ISBN: 978-620-6142263.

[27]. **Fouad A. S. Soliman e Karima A. Mahmoud, "Neuro-linguistic Programação",** Livro publicado Lambert Academic Publishing, Omni-Scriptum, GmbH e Co. KG, março de 2023.
ISBN: 978-620-14432.

[28]. **Fouad A. S. Soliman, e Karima A. Mahmoud, "Global Energy Interligação e Prática".** Livro publicado Lambert Academic Publicação, Omni-Scriptum, GmbH e Co. KG, abril de 2023.
ISBN: 978-6206-153573.

[29]. **Fouad A. S. Soliman, Hamid I. E. Mira e Karima A. Mahmoud, "Uma visão do mundo da tecnologia da energia eólica".** Publicado Livro Lambert Academic Publishing, Omni-Scriptum, GmbH and Co. KG. setembro de 2023.
ISBN: 978-6206-781967.

[30]. **Fouad A. S. Soliman, Wafaa A. Zekri e Karima A. Mahmoud, Role do Hidrogénio na Vida Humana".** Livro publicado Lambert Academic Publishing, Omni-Scriptum, GmbH and Co. KG. setembro de 2023.
ISBN: 978-6206-78625-2.

[31]. **Fouad A. S. Soliman e Karima A. Mahmoud, "Future of Energias Renováveis e Técnicas de Armazenamento".** Livro publicado
Lambert Academic Publishing, Omni-Scriptum, GmbH e Co. KG. setembro de 2023.
ISBN: 978-6206-790570.

[32]. **Fouad A. S. Soliman, Hamid I. E. Mira e Karima A. Mahmoud, "Importância, pobreza, transmissão e segurança das energias renováveis
Energia".** Livro publicado Lambert Academic Publishing, Omni-Scriptum, GmbH e Co. KG. setembro de 2023.
ISBN: 978-6206-8433513.

[33]. **Fouad A. S. Soliman, Hamid I. E. Mira e Karima A. Mahmoud, "Rumo a 100 % de energias renováveis".** Livro publicado Lambert Publicação académica, Omni-Scriptum, GmbH e Co. KG. Dez. 2023.
ISBN: 978-620-7-44774-9.

[34]. **Fouad A. S. Soliman, e Karima A. Mahmoud, "Vehicles Operation**

Um futuro não poluído". Livro publicado Lambert Academic Publishing, Omni-Scriptum, GmbH e Co. KG. dezembro de 2023.
ISBN: 978-620-7-45399-3.

[35]. **Fouad A. S. Soliman e Karima A. Mahmoud, "World of Fotónica".** Livro publicado Lambert Academic Publishing, Omni-Scriptum, GmbH e Co. KG. dezembro de 2023.
ISBN: 978-620-7-467945...

[36]. **Fouad A. S. Soliman, e Karima A. Mahmoud, "Electronics and Ciências da Computação para eleições justas".** Livro publicado Lambert
Publicação académica, Omni-Scriptum, GmbH e Co. KG. Dez. 2023.
ISBN: 978-620-7-474783.

[37]. **Fouad A. S. Soliman e Karima A. Mahmoud, "Phosphates, Ácidos Fosfóricos e Células Fule".** Livro publicado Lambert Academic Publishing, Omni-Scriptum, GmbH and Co. KG. dezembro de 2023.
ISBN: 978-620-7-484935.

[38]. **Fouad A. S. Soliman, e Karima A. Mahmoud, "Waste Heat Recovery for Power Generation Applications".** Livro publicado Lambert Publicação académica, Omni-Scriptum, GmbH e Co. KG. Dez. 2023.
ISBN: 978-620-7-48768-4.

[39]. **Fouad A. S. Soliman, e Karima A. Mahmoud, "Solar Energy Engineering".** Livro publicado Lambert Academic Publishing, Omni-Scriptum,
GmbH e Co. KG, maio de 2024.
ISBN: 978-620-7-64062-1.

[40]. **Fouad A. S. Soliman, e Karima A. Mahmoud, "New Look to the O mundo da energia negra e dos materiais".** Livro publicado Lambert Publicação académica, Omni-Scriptum, GmbH e Co. KG, junho de 2024.
ISBN: 978-620-7-64872-6.

[41]. **Fouad A. S. Soliman, e Karima A. Mahmoud, "Inteligência Artificial e o Futuro da Humanidade".** Livro publicado Lambert Academic Publicação, Omni-Scriptum, GmbH e Co. KG, junho de 2024.
ISBN: 978-620-7-65198-6.

[42]. **Fouad A. S. Soliman, e Karima A. Mahmoud, "Technological Roadmapas para o objetivo de emissões líquidas zero até 2030 e 2050".** Livro publicado
Lambert Academic Publishing, Omni - Scriptum, GmbH and Co. KG, junho
2024.
ISBN: 978-620-7-809264.

Agradecimentos

Estamos ajoelhados em obediência a **ALÁ, agradecendo-Lhe** por me ter mostrado o caminho certo. Sem a ajuda de **Deus**, os nossos esforços ter-se-iam perdido. Foi com a graça de **Deus** que conseguimos alcançar este grande feito. Agradecemos também a uma pessoa que amamos muito, o **Profeta Maomé (que Deus o louve e lhe dê paz).**

Gostaríamos também de expressar a nossa mais profunda gratidão a:

- **Nuclear Materials Authority, Cairo, Egito.**

Funcionário dos diferentes sectores.

- **Women College for Arts, Science, and Education, Ain-shams University, Cairo, Egito**

Membros do pessoal do Departamento de Física e do Laboratório de Investigação em Eletrónica.

- **Centro Nacional de Investigação e Tecnologia das Radiações, Cairo, Egito**

Membros do pessoal do Departamento de Física das Radiações.

- **Membros do pessoal do Centro Egípcio de Estudos Económicos, Investigação Científica e Ambiental e Desenvolvimento.**

Resumo

A perovskita (pronúncia: /pəˈrɒvskaɪt/) é um mineral de óxido de cálcio e titânio composto por titanato de cálcio (fórmula química $CaTiO_3$). O seu nome é também aplicado à classe de compostos que têm o mesmo tipo de estrutura cristalina que o $CaTiO_3$, conhecida como estrutura perovskita, que tem uma fórmula química geral $A^{2+}B^{4+}(X^{2-})_3$. Muitos catiões diferentes podem ser incorporados nesta estrutura, o que permite o desenvolvimento de diversos materiais artificiais.

O mineral foi descoberto nos Montes Urais da Rússia por Gustav Rose em 1839 e recebeu o nome do mineralogista russo Lev Perovski (1792-1856). A notável estrutura cristalina da perovskite foi descrita pela primeira vez por Victor Goldschmidt em 1926 no seu trabalho sobre factores de tolerância. A estrutura cristalina foi posteriormente publicada em 1945 a partir de dados de difração de raios X do titanato de bário por Helen Dick Megaw.

Encontrada no mantoda Terra, a ocorrência de perovskite no de KhibinaMaciço é restrita às rochas ultramáficas saturadas de sílica e foidolitosdevido à inestabilidade numa paragénese com feldspato. A perovskite ocorre como pequenos cristais anédricos a subédricos que preenchem os interstícios entre os silicatos formadores de rocha.

A perovskite encontra-se em skarns de carbonato de contacto em Magnet Cove, Arkansas, EUA, em blocos alterados de calcário ejectados do Monte Vesúvio, em xistos de clorite e talco nos Urais e na Suíça, e como mineral acessório em rochas ígneas alcalinas e máficas, nefelina-sienite, melilitite, kimberlitos e raros carbonatites . A perovskita é um mineral comum nas inclusões ricas em Ca-Al encontradas em alguns meteoritos condríticos.

A estabilidade da perovskite nas rochas ígneas é limitada pela sua relação de reação com o esfeno. Nas rochas vulcânicas, a perovskite e o esfeno não se encontram juntos, sendo a única exceção uma etindite dos Camarões.

A knopite, uma variedade de terras raras com a fórmula química $(Ca,Ce,Na)(Ti,Fe)O_3$, é encontrada em rochas intrusivas alcalinas, na Península de Kola e perto de AlnöSuécia. Uma variedade de disanalyte portadora de nióbio ocorre em carbonatitos, perto de Schelingen, KaiserstuhlAlemanha.

Nas estrelas e anãs castanhas, a formação de grãos de perovskite é responsável pela depleção de óxido de titânio na fotosfera. As estrelas de baixa temperatura apresentam bandas dominantes de TiO no seu espetro; à medida que a temperatura diminui, nas estrelas e anãs castanhas de massa ainda mais baixa, forma-se $CaTiO3$ e, a temperaturas inferiores a 2000 K, o TiO é indetetável. A presença de TiO é usada para definir a transição entre as estrelas anãs M frias e as anãs L mais frias.

A perovskita de mesmo nome $CaTiO3$ cristaliza no grupo espacial Pbnm (nº 62) com constantes de rede a = 5,39 Å, b = 5,45 Å e c = 7,65 Å.

Palavras-chave

Perovskita, pronúncia, óxido de cálcio e titânio, mineral, composto, titanato de cálcio, fórmula química, CaTiO3, nome, também, aplicado, à, classe, de, compostos, que, têm, o, mesmo, tipo, de, estrutura cristalina, CaTiO3, conhecida como, estrutura de perovskite, fórmula química geral, A2+B4+(X2-)3, muitos, catiões, diferentes, podem, ser, incorporados, na, estrutura, permitindo, o, desenvolvimento, de, diversos, materiais, de engenharia, mineirais, descobertos, nos, Montes, Urais, da, Rússia, por, Gustav Rose, nomeado, após, mineralogista, russo, Lev Perovski (1792-1856), notável, estrutura, cristalina, de Perovskite, primeiro, descrito, Victor Goldschmidt, trabalho, factores, de, tolerância, estrutura, cristalina, mais, tarde, publicado, a, partir, de, raios-X, dados de difração, titanato de bário, Helen Dick Megaw, encontrado, manto da Terra, ocorrência de perovskite, Maciço de Khibina, restrito, sílica, sub-saturado, rochas ultramáficas, foidolitos, devido a, in-estabilidade, paragénese, feld-esparsa, perovskita, ocorre, pequenos cristais anédricos, subédricos, preenchendo, interstícios, entre, silicatos formadores de rocha, carbonato de contacto, skarns, magnet cove, Arkansas, EUA, alterados, blocos, calcário, ejectados, do, monte, Vesúvio, clorite, e, talco xisto, nos, Urais e Suíça, mineral acessório, alcalino, máfico, nefelina, sienito, melilitite, kimberlitos, carbonatídeos raros, mineral comum, em, inclusões ricas em Ca-Al, encontrado, alguns, meteoritos condríticos, estabilidade, perovskita em rochas ígneas, limitada, relação de reação, com, esfeno, rochas vulcânicas, perovskita e esfeno, não são, encontradas juntas, única, exceção, sendo, uma, etindite, Camarões, variedade, portadora de terras raras, knopite, com a, fórmula química, Ca,Ce,Na) (Ti,Fe)O3, encontrada, rochas intrusivas alcalinas, Península de Kola e perto de AlnöSuécia. variedade de nióbio, disanalyte, ocorre, carbonatita, perto de Schelingen, Kaiserstuhl, Alemanha, estrelas e anãs marrons, a, formação, de grãos de perovskita, responsável, pelo, esgotamento do óxido de titânio, fotosfera, estrelas, com, baixa, temperatura, têm, bandas dominantes, TiO, seu, espetro, à, medida, que, a, temperatura, fica, mais, baixa, para, estrelas, anãs marrons, de, massa, ainda, mais, baixa, CaTiO3 forma, temperaturas, abaixo, da, presença, indetetável, de, TiO, usada, para, definir, a, transição, entre, estrelas, anãs, M, frias, e anãs L, epónimas, cristaliza, Perovskita CaTiO3

cristaliza, grupo espacial Pbnm (No. 62), com, constantes, de, rede, estrutura quase cúbica, com a, fórmula geral, ABO3, nesta estrutura, ião do sítio A, centro da rede, normalmente, um elemento alcalinoterroso ou de terras raras, iões do sítio B, cantos, rede, são elementos metálicos de transição 3d, 4d e 5d, catiões, coordenação 12 vezes, aniões, catiões no sítio B, estão em coordenação 6 vezes, grande, número, elementos metálicos, estáveis, estrutura de perovskite, fator de tolerância Goldschmidt, gama, Os materiais de perovskite apresentam muitas propriedades interessantes e intrigantes, tanto do ponto de vista teórico como do ponto de vista da aplicação. A resistência magnética colossal, a ferro-eletricidade, a supercondutividade, a ordenação de cargas, o spin, a porta de transferência dependente, a elevada potência térmica, a interação das propriedades estruturais, magnéticas e de porta de transferência são caraterísticas normalmente observadas, supercondutores de alta temperatura, têm, estruturas semelhantes a perovskite, frequentemente, mais, metais, incluindo cobre, e algumas, posições de oxigénio deixadas vagas, exemplo principal, óxido de cobre de bário de ítrio, que, pode ser, isolante, supercondutor, dependendo, conteúdo de oxigénio, engenheiros químicos, considerando, material de perovskite baseado em cobalto, substituto, para, platina em conversores catalíticos, e veículos a diesel.

Índice

Capítulo (1)

Perovskita

1.1. Prefácio

A perovskita (pronúncia: /pəˈrɒvskaɪt/) é um mineral de óxido de cálcio e titânio composto por titanato de cálcio (fórmula química CaTiO3). O seu nome é também aplicado à classe de compostos que têm o mesmo tipo de estrutura cristalina que o CaTiO3, conhecida como estrutura perovskita, que tem uma fórmula química geral A2+B4+(X2-)3 [1-6]. Muitos catiões diferentes podem ser incorporados nesta estrutura, permitindo o desenvolvimento de diversos materiais de engenharia [7].

Perovskita	
 Cristais de perovskita sobre matriz Tamanho: 2,3 cm × 2,1 cm × 2,0 cm (0,9 in × 0,8 in × 0,8 in)	
Geral	
Categoria	Minerais de óxido
Fórmula (unidade de repetição)	CaTiO3
Símbolo IMA	Prv [1]
Classificação Strunz	4.CC.30
Sistema de cristais	Ortorrômbico
Classe de cristais	Dipiramidal (mmm) Símbolo H-M: (2/m 2/m 2/m)
Grupo espacial	Pbnm
Identificação	
Massa da fórmula	135,96 g/mol

Cor	Preto, castanho avermelhado, amarelo pálido, laranja amarelado
Hábito de cristal	Pseudo-cúbico - os cristais apresentam um contorno cúbico
Geminação	gémeos de penetração complexa
Clivagem	[100] bom, [010] bom, [001] bom
Fratura	Conchoidal
Dureza da escala de Mohs	5.0-5.5
Brilho	Adamantina a metálica; pode ser baça
Faixa	branco acinzentado
Diafaneidade	Transparente a opaco
Gravidade específica	3.98-4.26
Propriedades ópticas	Biaxial (+)
Índice de refração	$n\alpha = 2{,}3$, $n\beta = 2{,}34$, $n\gamma = 2{,}38$
Outras caraterísticas	não radioativo, não magnético
Referências	[2-5]

1.2. História

O mineral foi descoberto nos Montes Urais da Rússia por Gustav Rose em 1839 e recebeu o nome do mineralogista russo Lev Perovski (1792-1856) [3]. A notável estrutura cristalina da perovskite foi descrita pela primeira vez por Victor Goldschmidt em 1926 no seu trabalho sobre factores de tolerância [8]. A estrutura cristalina foi posteriormente publicada em 1945 a partir de dados de difração de raios X do titanato de bário por Helen Dick Megaw [9].

1.3. Ocorrência

Encontrada no manto da Terra, a ocorrência de perovskite no de KhibinaMaciço é restrita às rochas ultramáficas saturadas de sílica e foidolitosdevido à inestabilidade numa paragénese com feldspato. A perovskite ocorre como pequenos cristais anédricos a subédricos que preenchem os interstícios entre os silicatos formadores de rocha [10].

A perovskite encontra-se em skarns de carbonato de contacto em Magnet Cove, Arkansas, EUA, em blocos alterados de calcário ejectados do Monte Vesúvio, em xistos de clorite e talco nos Urais e na Suíça [11], e como mineral acessório em rochas ígneas alcalinas e máficas, nefelina-sienito, melilitite, kimberlitos e raros carbonatites . A perovskite é um mineral comum nas inclusões ricas em Ca-Al encontradas em alguns meteoritos condríticos [4].

A estabilidade da perovskite em rochas ígneas é limitada pela sua relação de reação com o esfeno. Nas rochas vulcânicas, a perovskite e o esfeno não são encontrados juntos, sendo a única exceção uma etindite dos Camarões [12].

A knopite, uma variedade de terras raras com a fórmula química (Ca,Ce,Na)(Ti,Fe)O3, é encontrada em rochas intrusivas alcalinas, na Península de Kola e perto de AlnöSuécia. Uma variedade de disanalyte portadora de nióbio ocorre em carbonatitos, perto de Schelingen, KaiserstuhlAlemanha [11, 13].

1.4. Em Estrelas e anãs castanhas

Nas estrelas e anãs castanhas, a formação de grãos de perovskite é responsável pela depleção de óxido de titânio na fotosfera. As estrelas de baixa temperatura apresentam bandas dominantes de TiO no seu espetro; à medida que a temperatura diminui, nas estrelas e anãs castanhas de massa ainda mais baixa, forma-se CaTiO3 e, a temperaturas inferiores a 2000 K, o TiO é indetetável. A presença de TiO é usada para definir a transição entre as estrelas anãs M frias e as anãs L mais frias [14, 15].

1.5. Propriedades físicas

A perovskita de mesmo nome CaTiO3 cristaliza no grupo espacial Pbnm (n° 62) com constantes de rede a = 5,39 Å, b = 5,45 Å e c = 7,65 Å [16].

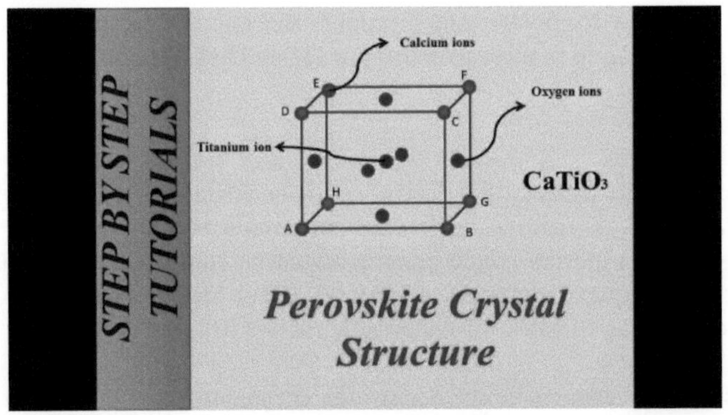

Estrutura cristalina do perovskite CaTiO3.

As perovskitas têm uma estrutura quase cúbica com a fórmula geral ABO3. Nesta estrutura, o ião do sítio A, no centro da rede, é normalmente um elemento alcalinoterroso ou um elemento de terras raras. Os iões do sítio B, nos cantos da rede, são elementos metálicos de transição 3d, 4d e 5d. Os catiões do sítio A estão em coordenação 12 vezes com os aniões, enquanto os catiões do sítio B estão em coordenação 6 vezes. Um grande número de elementos metálicos é estável na estrutura de perovskite se o fator de tolerância Goldschmidt t se situar na gama de 0,75 a 1,0 [17].

A estabilidade das perovskitas pode ser caracterizada com os factores de tolerância e octaédricos. Quando as condições não são cumpridas, é preferível uma geometria em camadas para octaedros que partilham arestas ou faces ou uma menor coordenação do sítio B. Estes são bons limites estruturais, mas não uma previsão empírica [18].

As perovskitas têm um brilho sub-metálico a metálico, um traço incolor e uma estrutura semelhante a um cubo, juntamente com uma clivagem imperfeita e uma tenacidade frágil. As cores incluem o preto, o castanho, o cinzento, o laranja e o amarelo. Os cristais de perovskite podem parecer ter a forma cristalina cúbica, mas são frequentemente pseudocúbicos e cristalizam de facto na forma orthorhom-ortorrômbico como é o caso do CaTiO3 (o titanato de estrôncio, com o maior catião de estrôncio no sítio A, é cúbico). Os cristais de perovskite têm sido confundidos com galena; no entanto, a galena tem um melhor brilho metálico, maior densidade, clivagem perfeita e verdadeira simetria cúbica [19].

1.6. Derivados de perovskite

1.6.1. Perovskitas duplas

Um perovskite duplo tem a fórmula A'A "B'B "O6 e substitui metade dos locais B por B′, em que A são metais alcalinos ou de terras raras e B são metais de transição. A disposição dos catiões varia em função da carga, da geometria de coordenação e do rácio entre os raios do catião A e do catião B. Os catiões B e B′ conduzem a diferentes esquemas de ordenação. Estes esquemas de ordenação são estruturas de sal-gema, colunares e em camadas [20]. O sal-gema é um tabuleiro de xadrez tridimensional alternado de poliedros B e B'. Esta estrutura é a mais comum do ponto de vista eletrostático, uma vez que os sítios B terão diferentes estados de valência. O arranjo colunar pode ser visto como folhas de poliedros de catiões B vistos na direção [111]. As estruturas em camadas são vistas como folhas de poliedros B′ e B.

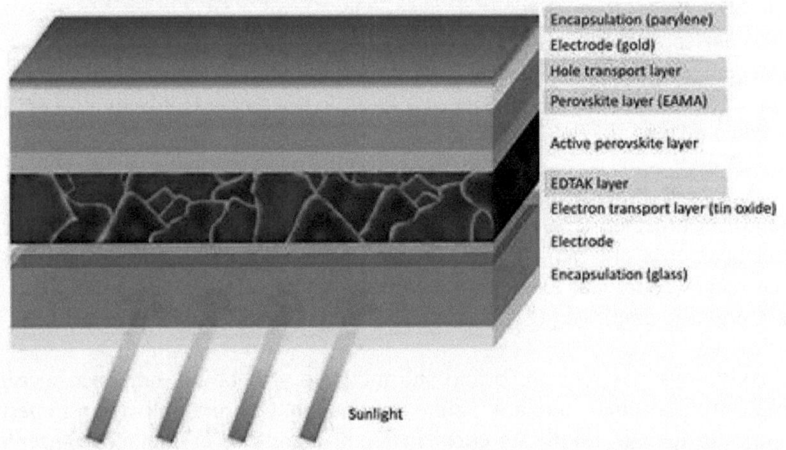

1.6.2 Perovskitas de baixa dimensão

As perovskitas 3D formam-se quando existe um catião mais pequeno no sítio A, pelo que os octa-hedros BX6 podem ser partilhados nos cantos. As perovskitas 2D formam-se quando o catião do sítio A é maior, pelo que se formam folhas de octaedros. Nas perovskitas 1D, forma-se uma cadeia de octaedros [21], enquanto nas perovskitas 0D, os octaedros individuais estão separados uns dos outros. Tanto as perovskitas 1D como 0D conduzem ao confinamento quântico [22] e estão a ser investigadas para materiais de células solares de perovskita sem chumbo [23].

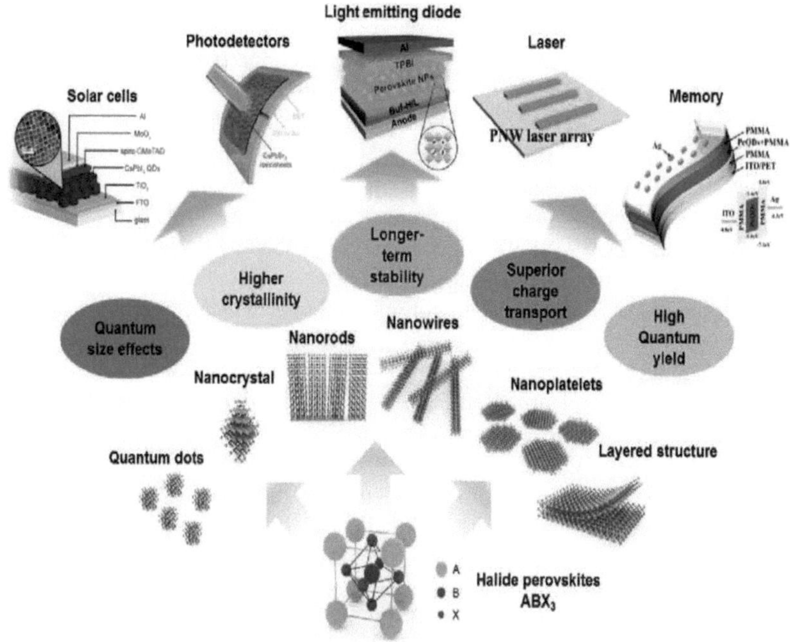

1.7. Referências

[1]. Warr, L.N. (2021). "Símbolos minerais aprovados pelo IMA-CNMNC". Revista Mineralogical. 85 (3): 291-320. Bibcode:2021MinM...85..291W. doi:10.1180/mgm.2021.43. S2CID 235729616.

[2]. "Prehnit (Prehnite)". Mineralienatlas.de.

[3]. "Perovskite". Webmineral.

[4]. Anthony, John W.; Bideaux, Richard A.; Bladh, Kenneth W.; Nichols, Monte C. (eds.). "Perovskite". Manual de Mineralogia. Chantilly, VA: Mineralogical Society of America.

[5]. Inoue, Naoki; Zou, Yanhui (2006). "Propriedades físicas do condutor iónico de lítio do tipo perovskite" (PDF). Em Sakuma, Takashi; Takahashi, Haruyuki (eds.). Física do Estado Sólido Iónica. Research Signpost. pp. 247-269. ISBN 978-81-308-0070-7.

[6]. Wenk, Hans-Rudolf; Bulakh, Andrei (2004). Minerais: Their Constitution and Origin. New York: Universidade de Cambridge Press. p. 413. ISBN 978-0-521-52958-7.

[7]. Szuromi, Phillip; Grocholski, Brent (2017). "Perovskites naturais e projectadas". Science. 358 (6364): 732-733. Bibcode:2017Sci...358..732S. doi:10.1126/science.358.6364.732.

[8]. Golschmidt, V. M. (1926). "Die Gesetze der Krystallochemie". Die Naturwissenschaften. 14 (21): 477-485. Bibcode:1926NW.....14..477G.

[9]. Megaw, Helen (1945). "Estrutura cristalina do titanato de bário". Natureza. 155 (3938): 484-485. Bibcode:1945Natur.155..484.

[10]. Chakhmouradian, Anton R.; Mitchell, Roger H. (1998). "Variação da composição do complexo de perovskite, Península de Kola, Rússia". The Canadian Mineralogist. 36: 953-969.

[11]. Palache, Charles, Harry Berman e Clifford Frondel, 1944, Dana's System of Mineralogy Vol. 1, Wiley, 7ª ed. p. 733

[12]. Veksler, I. V.; Teptelev, M. P. (1990). "Condições de cristalização e concentração do mineral do tipo perovskita em magmas alcalinos". Lithos. 26 (1): 177-189.

[13]. Deer, William Alexander; Howie, Robert Andrew; Zussman, J. (1992). Uma introdução aos minerais formadores de rocha. Longman Scientific Técnica. ISBN 978-0-582-30094-1.

[14]. Allard, França; Hauschildt, Peter H.; Alexander, David R.; Tamanai, Akemi; Schweitzer, Andreas (julho de 2001). "Os efeitos limitadores da poeira nas atmosferas de modelos de anãs castanhas". Astrophysical Journal. 556 (1): 357-372. arXiv:astro-ph/0104256.

[15]. Kirkpatrick, J. Davy; et al. (julho de 1999). "Um espetro ótico melhorado e um novo modelo FITS da anã GD 165B". Astrophysical Journal. 519 (2): 834-843.

[16]. Buttner, R. H.; Maslen, E. N. (1992-10-01). "Densidade de diferença de electrões e parâmetros estruturais em CaTiO3". Ata Crystallographica Secção B: Ciência Estrutural. 48 (5): 644-649. ISSN 0108-7681.

[17]. Peña, M. A.; Fierro, J. L. (2001). "Estruturas químicas e desempenho dos óxidos de perovskite". Chemical Reviews. 101 (7): 1981-2017.

[18]. Filip, Marina; Giustino, Feliciano (2018). "O projeto geométrico das perovskitas". Actas do Congresso Nacional de Academia de Ciências. 115 (21): 5397-5402.

[19]. Luxová, Jana; Šulcová, Petr (2008). "Estudo de Perovskita". Jornal de Análise Térmica e Calorimetria. 93 (3): 823-827.

[20]. Saha-Dasgupta, Tanusri (2001).
"Perovskitas duplas com metais de transição 3d e 4d/5d: promessas".
Materials Research Express. 101 (7): 1981-2017.
[21]. Trifiletti, Vanira (2021).
"Derivados de Perovskite de Halogenetos Quasi-Zero dimensionais: e Oportunidade".
Fronteiras em eletrónica.
[22]. Zhang, Zhipeng (2021).
"Heteroestruturas de material de perovskite/2D de halogenetos metálicos: Aplicações".
Materials Research Express. 5 (4): e2000937.
[23]. Gao, Yuting (2021). Jornal de Química de Materiais A. 9 (20): 11931-11943.

Capítulo (2)
Perovskite de silicato

2.1. Prefácio

A perovskite de silicato é (Mg, Fe)SiO3 (o membro final de magnésio é chamado bridgmanite [1]) ou CaSiO3 (silicato de cálcio conhecido como davemaoite) quando dispostos numa estrutura de perovskite. As perovskitas de silicato não são estáveis na superfície da Terra, e existem principalmente na parte inferior do manto terrestre, entre cerca de 670 e 2.700 km (420 e 1.680 milhas) de profundidade. Pensa-se que formam as principais fases minerais, juntamente com a ferropericlase.

2.2. Descoberta

A existência de perovskite de silicato no manto foi sugerida pela primeira vez em 1962, e tanto o MgSiO3 como o CaSiO3 tinham sido sintetizados experimentalmente antes de 1975. No final da década de 1970, foi proposto que a descontinuidade sísmica a cerca de 660 km no manto representava uma mudança de minerais de estrutura espinélio com uma composição de olivina para perovskite de silicato com ferropericlase.

A perovskite de silicato natural foi descoberta no meteorito de Tenham de Tenhammeteorito [2, 3]. Em 2014, a Comissão de Novos Minerais, Nomenclatura e Classificação (CNMNC) da Associação Mineralógica Internacional (IMA) aprovou o nome bridgmanite para a perovskite estruturada em (Mg, Fe)SiO3[1], em homenagem ao físico Percy Bridgman, que recebeu o Prémio Nobel da Física em 1946 pela sua investigação em alta pressão [4].

Em 2021, o CaSiO3 com estrutura de perovskita foi encontrado como uma inclusão num diamante natural. O nome davemaoite foi adotado para este mineral [5].

2.3. Estrutura

A estrutura da perovskite (identificada pela primeira vez no mineral perovskite) ocorre em substâncias com a fórmula geral ABX3, em que A é um metal que forma grandes catiões, normalmente magnésio, ferro ferroso ou cálcio. B é outro metal que forma catiões mais pequenos, normalmente silício, embora possam ocorrer pequenas quantidades de ferro férrico e alumínio. X é tipicamente oxigénio. A estrutura pode ser cúbica, mas apenas se os tamanhos relativos dos iões cumprirem critérios rigorosos. Normalmente, as substâncias com a estrutura de perovskite apresentam uma simetria inferior, devido à distorção da rede cristalina e as perovskites de silicato encontram-se no sistema cristalino ortorrômbico [6].

2.4. Ocorrência

2.4.1. Gama de estabilidade

A bridgmanite é um polimorfo de alta pressão da enstatite, mas na Terra forma-se predominantemente, juntamente com ferropericlasea aproximadamente 660 km de profundidade, ou seja, a uma pressão de cerca de 24 GPa [6, 7]. A profundidade desta transição depende da temperatura do manto; ocorre ligeiramente mais profunda nas regiões mais frias do manto e mais superficial nas regiões mais quentes [8]. A transição de ringwoodite para bridgmanite e ferro-periclase marca o fundo da zona de transição do manto e o topo do manto inferior. A bridgmanite torna-se instável a uma profundidade de aproximadamente 2700 km, trans-formando-se isoquimicamente em pós-perovskite [9].

A perovskite de silicato de cálcio é estável a profundidades ligeiramente mais rasas do que a bridg-manite, tornando-se estável a cerca de 500 km, e permanece estável em todo o manto inferior [9].

2.5. Abundância

A bridgmanite é o mineral mais abundante no manto. As proporções de bridgmanite e de perovskite cálcica dependem da litologia global e da composição global. Em pirolítico e harzburgítica, a bridgmanite constitui cerca de 80% do conjunto de minerais e a perovskite cálcica menos de 10%. Numa litologia eclogítica, a bridgmanite e a perovskite cálcica compreendem cerca de

30% cada [9]. A perovskite de silicato de magnésio é provavelmente a fase mineral mais abundante na Terra [3].

2.6. Presença em diamantes

A perovskita de silicato de cálcio foi identificada na superfície da Terra como inclusões em diamantes [10]. Os diamantes são formados sob alta pressão nas profundezas do manto. Com a grande resistência mecânica dos diamantes, uma grande parte desta pressão é retida dentro da rede, permitindo que inclusões como o silicato de cálcio sejam preservadas em forma de alta pressão.

2.7. Deformação

A deformação experimental de $MgSiO_3$ policristalino sob as condições da parte superior do manto inferior sugere que a perovskita de silicato se deforma por um mecanismo de deformação por deslocação. Isto pode ajudar a explicar a aniso-tropia sísmica observada no manto [11].

2.8. Referências

[1]. "Bridgmanite". Mindat.org.

[2]. Tomioka, Naotaka; Fujino, Kiyoshi (22 de agosto de 1997). "Natural (Mg,Fe)SiO_3-Ilmenite e -Perovskite no Meteorito de Tenham". Ciência. 277 (5329): 1084-1086.

[3]. Tschauner, Oliver; et al. (2014). "Descoberta da bridgmanite, o mineral mais abundante na Terra, meteorito". Ciência. 346 (6213): 1100-1102.

[4]. Wendel, JoAnna (10 de junho de 2014). "Mineral com o nome do físico Nobel". Eos, Transactions American Geophysical Union. 95 (23): 195.

[5]. Tschauner, O.; et al. (2021). "Descoberta davemaoite, $CaSiO_3$-perovskite, como mineral do manto inferior". Ciência. 374 (6569): 891-894.

[6]. Hemley, R.J.; Cohen R.E. (1992). "Silicate Perovskite". Revisão Anual de Ciências da Terra e Planetárias. 20: 553-600.

[7]. Agee, Carl B. (1998). "Transformações de fase e estrutura sísmica na zona de transição superior". Em Hemley, Russell J (ed.). Ultrahigh Pressure Mineralogy. pp. 165-204.

[8]. Flanagan, Megan P.; Shearer, Peter M. (10 de fevereiro de 1998).

"Mapeamento global da topografia em precursores de empilhamento de velocidade de transição".

Journal of Geophysical Research: Solid Earth. 103 (B2): 2673-2692.

[9]. Stixrude, Lars; Lithgow-Bertelloni, Carolina (30 de maio de 2012). "Geofísica da Heterogeneidade Química no Manto". Revista Anual de Ciências da Terra e Planetárias. 40 (1): 569-595.

[10]. Nestola, F.; et al. (março de 2018).

"A perovskita CaSiO3 no diamante indica a reciclagem do manto inferior".

Natureza. 555 (7695): 237-241.

[11]. Cordier, Patrick; Ungár, Tamás; Zsoldos, Lehel; Tichy, Géza (abril de 2004).

"Deslocação de fluência MgSiO3 perovskite condição manto inferior superior".

Natureza. 428 (6985): 837-840.

Capítulo (3)

Estrutura do perovskite

3.1. Prefácio

Uma perovskita é qualquer material com uma estrutura cristalina que segue a fórmula ABX3, que foi descoberta pela primeira vez como o mineral chamado perovskita, que consiste em óxido de cálcio e titânio (CaTiO3) [1, 2]. O mineral foi descoberto pela primeira vez nos montes Urais da Rússia por Gustav Rose em 1839 e batizado em homenagem ao mineralogista russo L. A. Perovski (1792-1856). A' e 'B' são dois iões com carga positiva
iões (i.e. catiões), frequentemente de tamanhos muito diferentes, e X é um ião de carga negativa (um anião, frequentemente um óxido) que se liga a ambos os catiões. Os átomos "A" são geralmente maiores do que os átomos "B". A estrutura cúbica ideal tem o catião B em coordenação 6 vezes, rodeado por um octaedro de aniões, e o catião A em coordenação 12 vezes cuboctaédrica. Podem existir formas adicionais de perovskite em que os locais A e B têm uma configuração A1x-1A2x e/ou B1y-1B2y e o X pode desviar-se da configuração de coordenação ideal à medida que os iões nos locais A e B sofrem alterações nos seus estados de oxidação [3].

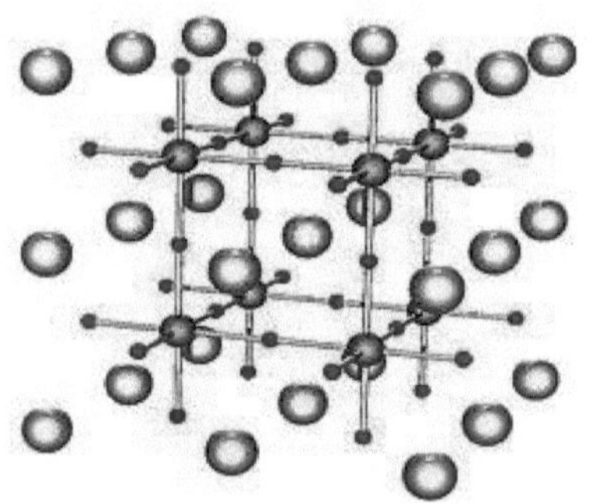

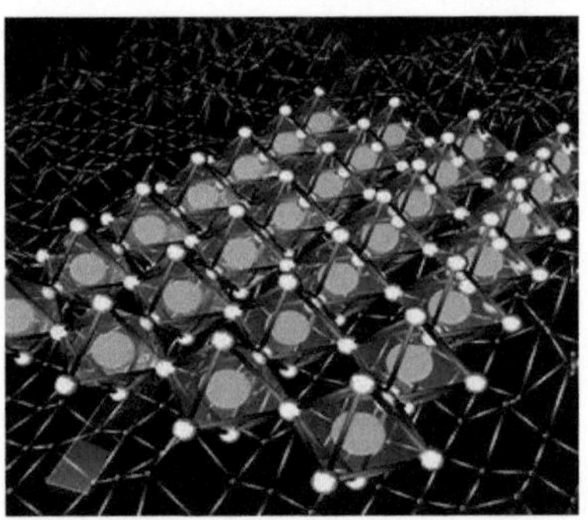

Estrutura de um perovskite com a fórmula química geral ABX3. As esferas vermelhas são os átomos X (geralmente oxigénios), as esferas azuis são os átomos B (um catião metálico mais pequeno, como o Ti4+) e as esferas verdes são os átomos A (um catião metálico maior, como o Ca2+). A estrutura cúbica não distorcida está representada na imagem; a simetria é reduzida para ortorrômbica, tetragonal ou trigonal em muitas perovskitas [1].

Titanato de cálcio Estrutura do cristal de óxido ABO3 MAPbBr3

Sendo uma das famílias estruturais mais abundantes, as perovskitas encontram-se num enorme número de compostos com propriedades, aplicações e importância muito variadas [4]. Os compostos naturais com esta estrutura são a perovskite, a loparite e a perovskite de silicato bridgmanite [2, 5]. Desde a descoberta em 2009 das células solares de perovskite, que contêm perovskites de halogeneto de chumbo e metilamónio, tem havido um interesse considerável na investigação de materiais de perovskite [6].

3.2. Estrutura

As estruturas de perovskite são adoptadas por muitos óxidos que têm a fórmula química ABO3. A forma idealizada é uma estrutura cúbica (grupo espacial Pm3m, n.º 221) que raramente é encontrada. As fases ortorrômbica (por exemplo, grupo espacial Pnma, n.º 62, ou Amm2, n.º 68) e tetragonal (por exemplo, grupo espacial I4/mcm, n.º 140, ou P4mm, n.º 99) são as variantes não cúbicas mais comuns. Embora a estrutura de perovskite tenha o nome de CaTiO3, este mineral apresenta uma forma não idealizada.

O SrTiO3 e o CaRbF3 são exemplos de perovskitas cúbicas. O titanato de bário é um exemplo de perovskite que pode assumir as formas romboédrica (grupo espacial R3m, n.º 160), ortorrômbica, tetragonal e cúbica, dependendo da temperatura [7].

Na célula unitária cúbica idealizada de um tal composto, o átomo do tipo "A" situa-se na posição do canto do cubo (0, 0, 0), o átomo do tipo "B" situa-se na posição do centro do corpo (1/2, 1/2, 1/2) e os átomos de oxigénio situam-se nas posições centradas nas faces (1/2, 1/2, 0), (1/2, 0, 1/2) e (0, 1/2, 1/2). O diagrama à direita mostra as arestas de uma célula unitária equivalente com A na posição do canto do cubo, B no centro do corpo e O nas posições centradas na face.

São possíveis quatro categorias gerais de emparelhamento de catiões: A+B2+X-3, ou perovskitas 1:2 [8]:

- A2+B4+X2-3,
- perovskitas 2:4; A3+B3+X2-3,
- perovskitas 3:3; e A+B5+X2-3, ou
- perovskitas 1:5.

Os requisitos de tamanho relativo dos iões para a estabilidade da estrutura cúbica são bastante rigorosos, pelo que uma ligeira curvatura e distorção podem produzir várias versões distorcidas de simetria inferior, nas quais os números de coordenação dos catiões A, dos catiões B ou de ambos são reduzidos. A inclinação dos octaedros BO6 reduz a coordenação de um catião A subdimensionado de 12 para 8. Inversamente, a descentralização dc um catião B subdimensionado no seu octaedro permite-lhe atingir um padrão de ligação estável. O dipolo elétrico resultante é responsável pela propriedade da ferro-eletricidade e é demonstrado por perovskitas como o BaTiO3 que se distorcem desta forma.

As estruturas complexas de perovskite contêm dois catiões diferentes no sítio B. Isto resulta na possibilidade de variantes ordenadas e desordenadas. Isto resulta na possibilidade de variantes ordenadas e desordenadas.

3.3. Perovskites em camadas

As perovskitas podem ser estruturadas em camadas, com a estrutura ABO3 separada por finas folhas de material intrusivo. As diferentes formas de intrusões, baseadas na composição química da intrusão, são definidas como [9]:

- Fase Aurivillius: a camada intrusiva é composta por um ião [Bi2O2] 2+, que ocorre a cada n camadas ABO3, levando a uma fórmula química global de [Bi2O 2]-A(n-1)B2O7.

- As suas propriedades condutoras de iões de óxido foram descobertas pela primeira vez na década de 1970 por Takahashi et al. e têm sido utilizadas para este fim desde então [10].

- Fase de Dion-Jacobson: a camada intrusiva é composta por um metal alcalino (M) a cada n camadas ABO3, dando a fórmula M+A(n-1)BnO(3n+1).

- Fase Ruddlesden-Popper: a mais simples das fases, a camada intrusiva ocorre entre cada uma (n = 1) ou múltiplas (n > 1) camadas da rede ABO3. As fases Ruddlesden-Popper têm uma relação semelhante à das perovskitas em termos de raios atómicos dos elementos, sendo A tipicamente grande (como La [11] ou Sr [12]) e o ião B muito mais pequeno, tipicamente um metal de transição (como Mn [11], Co [13] ou Ni [14]). Recentemente, foram desenvolvidas perovskitas híbridas orgânico-inorgânicas em camadas [15], em que a estrutura é constituída por uma ou mais camadas de octaedros MX64, em que M é um metal +2 (como Pb2+ ou Sn2+) e X um ião halogeneto (como F-, Cl-, Br-, I-), separados por camadas de catiões orgânicos (como o catião butilamónio ou feniletilamónio) [16, 17].

3.4. Películas finas

Imagens de microscopia eletrónica de transmissão e varrimento de resolução atómica de um sistema de película fina de óxido de perovskite. Mostrando a secção transversal de uma película de La0.7Sr0.3MnO3 e
e bicamada de LaFeO3 cultivada sobre 111-SrTiO3.

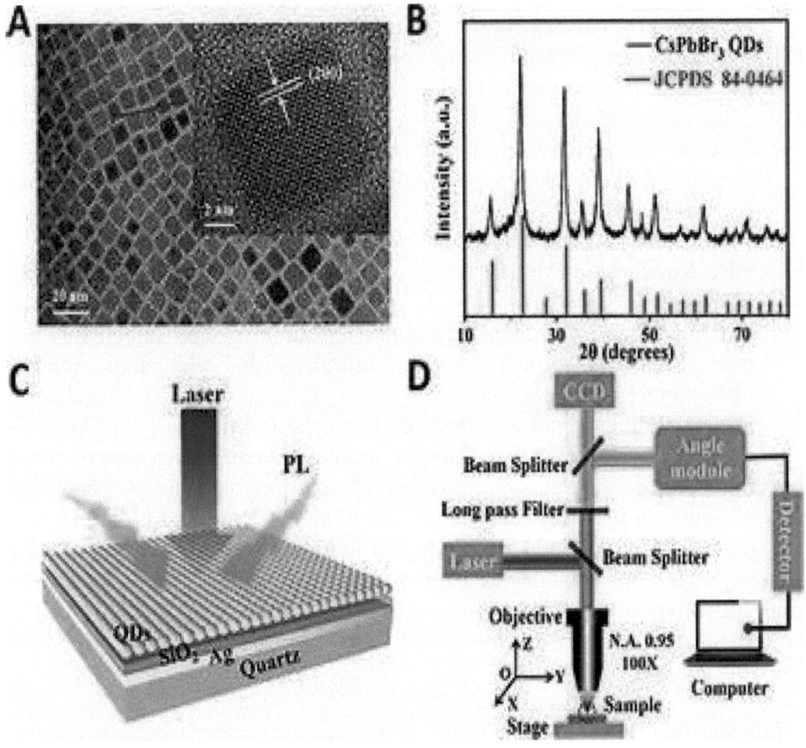

As perovskitas podem ser depositadas como películas finas epitaxiais sobre outras perovskitas [18], utilizando técnicas como a deposição por laser pulsado e a epitaxia por feixe molecular.

Estas películas podem ter uma espessura de alguns nanómetros ou ser tão pequenas como uma única célula unitária [19]. As estruturas bem definidas e únicas nas interfaces entre a película e o substrato podem ser utilizadas para a engenharia de interfaces, onde podem surgir novos tipos de propriedades [20]. Isto pode acontecer através de vários mecanismos, desde a deformação não coincidente entre o substrato e a película, a alteração da rotação octaédrica do oxigénio, alterações composicionais e confinamento quântico [21].

Um exemplo disto é o LaAlO3 cultivado sobre SrTiO3, em que a interface pode apresentar condutividade, apesar de tanto o LaAlO3 como o SrTiO3 serem não-condutores [22]. Outro exemplo é o SrTiO3 crescido sobre LSAT ((LaAlO3)0.3 (Sr2AlTaO6)0.7) ou DyScO3 pode transformar o ferroelétrico incipiente em ferroelétrico à temperatura ambiente através de tensão biaxial aplicada epitaxialmente [23]. O desfasamento da rede do GdScO3 em relação ao

SrTiO3 (+1,0%) aplica uma tensão de tração que resulta numa diminuição da constante de rede fora do plano do SrTiO3, em comparação com o LSAT (-0,9%), que aplica epitaxialmente uma tensão de compressão que leva a uma extensão da constante de rede fora do plano do SrTiO3 (e subsequente aumento da constante de rede no plano) [23].

3.5. Inclinação octaédrica

Para além das simetrias de perovskite mais comuns (cúbica, tetragonal, ortorrômbica), uma determinação mais precisa conduz a um total de 23 tipos de estruturas diferentes que podem ser encontradas [24]. Estas 23 estruturas podem ser categorizadas em 4 sistemas de inclinação diferentes que são denotados pela respectiva notação de Glazer [25].

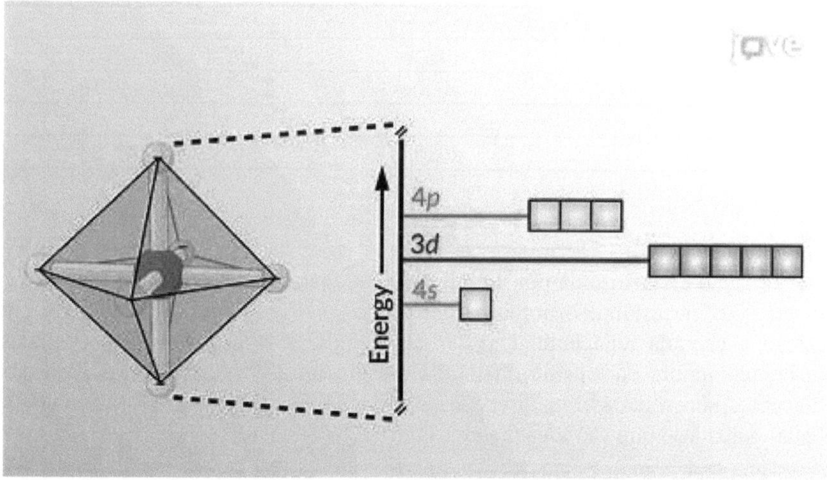

Sistema de inclinação número	Símbolo do sistema de inclinação	Grupo espacial
Sistemas de três inclinações		
1	a+b+c+	Immm (#71)
2	a+b+b+	Immm (#71)
3	a+a+a+	Im3 (#204)
4	a+b+c-	Pmmn (#59)
5	a+a+c-	Pmmn (#59)
6	a+b+b-	Pmmn (#59)
7	a+a+a-	Pmmn (#59)
8	a+b-c-	A21/m11 (#11)

9	a+a-c-	A21/m11 (#11)
10	a+b-b-	Pmnb (#62)
11	a+a-a-	Pmnb (#62)
12	a-b-c-	F1 (#2)
13	a-b-b-	I2/a (#15)
14	a-a-a-a-	R3c (#167)
	Sistemas de duas inclinações	
15	a0b+c+	Immm (#71)
16	a0b+b+	I4/mmm (#139)
17	a0b+c-	Bmmb (#63)
18	a0b+b-	Bmmb (#63)
19	a0b-c-	F2/m11 (#12)
29	a0b-b-	Imcm (#74)
	Sistemas de uma inclinação	
21	a0a0c+	C4/mmb (#127)
22	a0a0c-	F4/mmc (#140)
	Sistemas de inclinação zero	
23	a0a0a0	Pm3m (#221)

3.5.1. Sistemas de uma inclinação e de inclinação zero em perovskitas

A notação é constituída por uma letra a/b/c, que descreve a rotação em torno de um eixo cartesiano, e por um sobrescrito +/-/0 para indicar a rotação em relação à camada adjacente. Um "+" indica que a rotação de duas camadas adjacentes aponta na mesma direção, enquanto um "-" indica que as camadas adjacentes são rodadas em direcções opostas. Exemplos comuns são a0a0a0, a0a0a- e a0a0a+, que são visualizados aqui.

3.6. Exemplos

3.6.1. Minerais

A estrutura de perovskite é adoptada a alta pressão pela bridgmanite, um silicato com a fórmula química (Mg,Fe)SiO3, que é o mineral mais comum no manto da Terra. À medida que a pressão aumenta, as unidades tetraédricas de SiO44 nos minerais dominantes que contêm sílica tornam-se instáveis em comparação com as unidades octaédricas de SiO68. Nas condições de pressão e temperatura do manto inferior, o segundo material mais abundante é provavelmente o de sal de rochaestrutura (Mg,Fe)O, periclase [2].

Nas condições de alta pressão do manto inferior da Terra, o piroxénio enstatite, MgSiO3, transforma-se num polimorfo mais denso com estrutura de perovskite; esta fase pode ser o mineral mais comum na Terra [26]. Esta fase tem uma estrutura de perovskite ortorrômbica distorcida (estrutura tipo GdFeO3) que é estável a pressões de ~24 GPa a ~110 GPa. No entanto, não pode ser transportado de profundidades de várias centenas de quilómetros para a superfície da Terra sem se transformar novamente em materiais menos densos. A pressões mais elevadas, a perovskite MgSiO3, vulgarmente conhecida como perovskite de silicato, transforma-se em pós-perovskite.

3.6.2. Perovskitas complexas

Embora exista um grande número de perovskitas ABX3 simples conhecidas, este número pode ser grandemente expandido se os sítios A e B forem cada vez mais duplicados / complexos AA'BB'X6 [27]. As perovskitas duplas ordenadas são geralmente denotadas como A2BB'O6, enquanto as desordenadas são denotadas como A(BB')O3. Nas perovskitas ordenadas, são possíveis três tipos diferentes de ordenação: sal-gema, em camadas e colunar. A ordenação mais comum é a do sal-gema, seguida da desordenada, muito mais rara, e da colunar e estratificada, muito distantes [27]. A formação de superestruturas de sal-gema depende da ordenação do catião no sítio B [28, 29]. A inclinação octaédrica pode ocorrer em perovskitas duplas, mas as distorções de Jahn-Teller e os modos alternativos alteram o comprimento da ligação B-O.

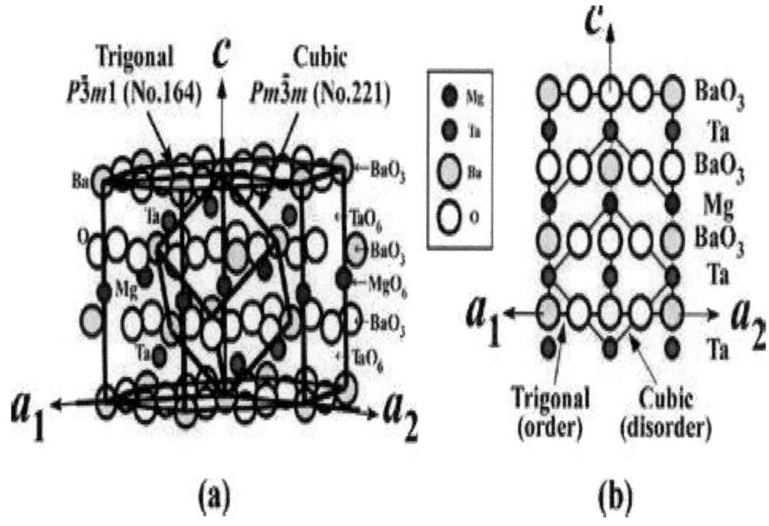

3.6.3. Outros

Embora os compostos de perovskite mais comuns contenham oxigénio, existem alguns compostos de perovskite que se formam sem oxigénio. As perovskitas de fluoreto, como a NaMgF3, são bem conhecidas. Uma grande família de compostos metálicos de perovskite pode ser representada por RT3M (R: terras raras ou outro ião relativamente grande, T: ião de metal de transição e M: metalóides leves). Nestes compostos, os metalóides ocupam os sítios "B" coordenados octaedricamente. RPd3B, RRh3B e CeRu3C são exemplos. O MgCNi3 é um composto de perovskite metálica que tem recebido muita atenção devido às suas propriedades supercondutoras. Um tipo ainda mais exótico de perovskite é representado pelos óxidos-ácidos mistos de Cs e Rb, como o Cs3AuO, que contêm grandes catiões alcalinos nos sítios tradicionais "aniónicos", ligados a aniões O2- e Au-.

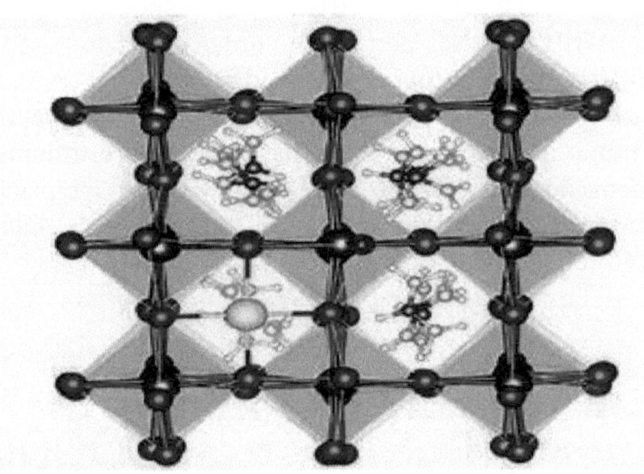

3.7. Propriedades dos materiais

Os materiais de perovskite apresentam muitas propriedades interessantes e intrigantes, tanto do ponto de vista teórico como das aplicações. A magneto-resistência colossal, a ferroeletricidade, a supercondutividade, a ordenação de cargas, a porta de transferência dependente do spin, a elevada potência térmica e a interação das propriedades estruturais, magnéticas e de transporte são caraterísticas frequentemente observadas nesta família. Estes compostos são utilizados como sensores e eléctrodos catalisadores em certos tipos de células de combustível [30] e são candidatos a dispositivos de memória e aplicações de spintrónica [31].

Muitos materiais cerâmicos supercondutores (os supercondutores de alta temperatura) têm estruturas do tipo perovskite, muitas vezes com 3 ou mais metais, incluindo o cobre, e algumas posições de oxigénio deixadas vagas. Um exemplo importante é o óxido de cobre de ítrio e bário, que pode ser isolante ou supercondutor, dependendo do teor de oxigénio.

Os engenheiros químicos estão a considerar um material de perovskite à base de cobalto como substituto da platina em conversores catalíticos para veículos a diesel [32].

3.8. Aplicações ambiciosas

As propriedades físicas de interesse para a ciência dos materiais entre as perovskitas incluem:

- supercondutividade,
- magnetoresistência,
- condutividade iónica, e
- uma multiplicidade de propriedades dieléctricas, que são de grande importância na microeletrónica e nas telecomunicações.

Também são interessantes para cintiladores, uma vez que têm um grande rendimento de luz para conversão de radiação. Devido à flexibilidade dos ângulos de ligação inerentes à estrutura do perovskite, existem muitos tipos diferentes de distorções que podem ocorrer a partir da estrutura ideal. Estas incluem a inclinação dos octaedros, deslocações dos catiões para fora dos centros dos seus poliedros de coordenação e distorções dos octaedros provocadas por factores electrónicos (distorções de Jahn-Teller) [33]. A maior aplicação financeira das perovskitas é em condensadores cerâmicos, nos quais o BaTiO3 é utilizado devido à sua elevada constante dieléctrica [34, 35].

3.9. Energia fotovoltaica

Estrutura cristalina das perovskitas CH3NH3PbX3 (X=I, Br e/ou Cl). O catião metilamónio (CH3NH3+) está rodeado por octaedros de PbX6 [36].

As perovskitas sintéticas são materiais possíveis para a produção de energia fotovoltaica de elevada eficiência [37, 38] - mostraram uma eficiência de conversão de até 26,3% [38-40] e podem ser fabricadas utilizando as mesmas técnicas de fabrico de película fina que as utilizadas para as células solares de silício de película fina [41]. Os halogenetos de metilamónio e estanho e os halogenetos de metilamónio e chumbo são de interesse para utilização em células solares sensibilizadas por corantes [42, 43]. Algumas células fotovoltaicas de perovskite atingem um pico de eficiência teórico de 31% [44].

Entre os halogenetos de metilamónio estudados até agora, o mais comum é o triiodeto de metilamónio e chumbo (CH3NH3PbI3).

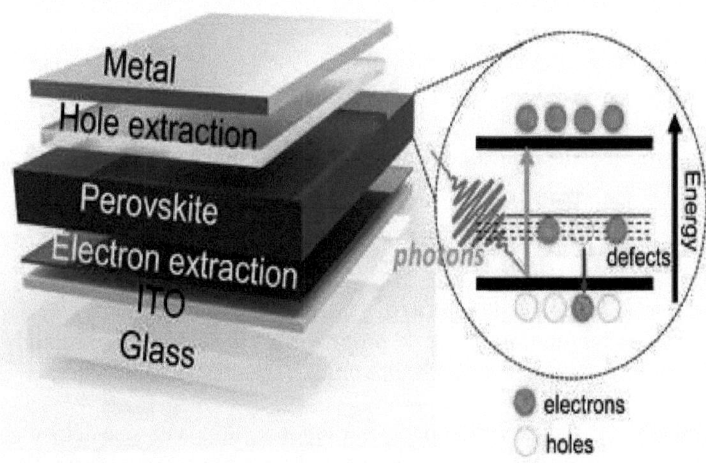

Tem uma elevada mobilidade dos portadores de carga e um tempo de vida dos portadores de carga que permitem que os electrões e os buracos gerados pela luz se desloquem o suficiente para serem extraídos como corrente, em vez de perderem a sua energia como calor dentro da célula. Os comprimentos de difusão efectivos do CH3NH3PbI3 são de cerca de 100 nm, tanto para os electrões como para os buracos [45].

Os halogenetos de metilamónio são depositados por métodos de solução a baixa temperatura (normalmente por revestimento por rotação). Outras películas processadas em solução a baixa temperatura (inferior a 100 °C) tendem a ter comprimentos de difusão consideravelmente mais pequenos. Stranks et al. descreveram
nanoestruturado com halogeneto de chumbo de metilamónio misto (CH3NH3PbI3-xClx) e demonstrou uma célula solar de película fina amorfa com uma eficiência de conversão de 11,4% e outra que atingiu 15,4% utilizando a evaporação no vácuo. A espessura da película de cerca de 500 a 600 nm implica que os comprimentos de difusão dos electrões e dos buracos são, pelo menos, desta ordem. Mediram valores do comprimento de difusão superiores a 1 μm para a perovskite mista, uma ordem de grandeza superior aos 100 nm para o iodeto puro. Mostraram também que os tempos de vida dos portadores na perovskite mista são mais longos do que no iodeto puro [45]. Liu et al.

aplicaram a microscopia de varrimento de fotocorrente para mostrar que o comprimento de difusão dos electrões na perovskite mista de halogenetos ao longo do plano (110) é da ordem dos 10 μm [46].

Para o CH3NH3PbI3, a tensão de circuito aberto (VOC) aproxima-se normalmente de 1 V, enquanto para o CH3NH3PbI(I,Cl)3 com baixo teor de Cl, foi registada uma VOC > 1,1 V. Dado que os intervalos de banda (Eg) de ambas as células são de 1,55 eV, os rácios COV/Eg são superiores aos normalmente observados em células semelhantes de terceira geração. Com perovskitas de intervalo de banda mais largo, foi demonstrada uma COV até 1,3 V [45].

A técnica oferece o potencial de baixo custo devido aos métodos de solução a baixa temperatura e à ausência de elementos raros. A durabilidade das células é atualmente insuficiente para utilização comercial [45]. No entanto, as células solares são susceptíveis de degradação devido à volatilidade do sal orgânico [CH3NH3]+I-. A perovskite de iodeto de chumbo e césio (CsPbI3), totalmente inorgânica, contorna este problema, mas é ela própria instável em termos de fase, cujos métodos de solução a baixa temperatura só recentemente foram desenvolvidos [47].

As células solares de perovskite de hetero-junção planar podem ser fabricadas em arquitecturas de dispositivos simplificadas (sem nanoestruturas complexas) utilizando apenas a deposição de vapor. Esta técnica produz 15% de conversão de energia solar em energia eléctrica, medida sob luz solar plena simulada [48].

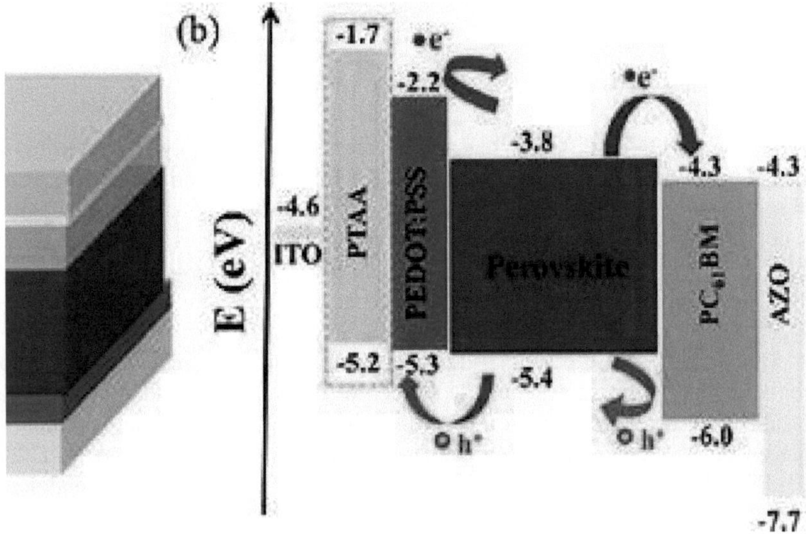

3.10. Lasers

O LaAlO3 dopado com neodímio produziu emissões laser a 1080 nm [49]. Células mistas de halogeneto de metilamónio e chumbo (CH3NH3PbI3-xClx), transformadas em lasers de emissão de superfície de cavidade vertical (VCSEL) com bombeamento ótico, convertem a luz visível da bomba em luz laser próxima do infravermelho com uma eficiência de 70% [50, 51].

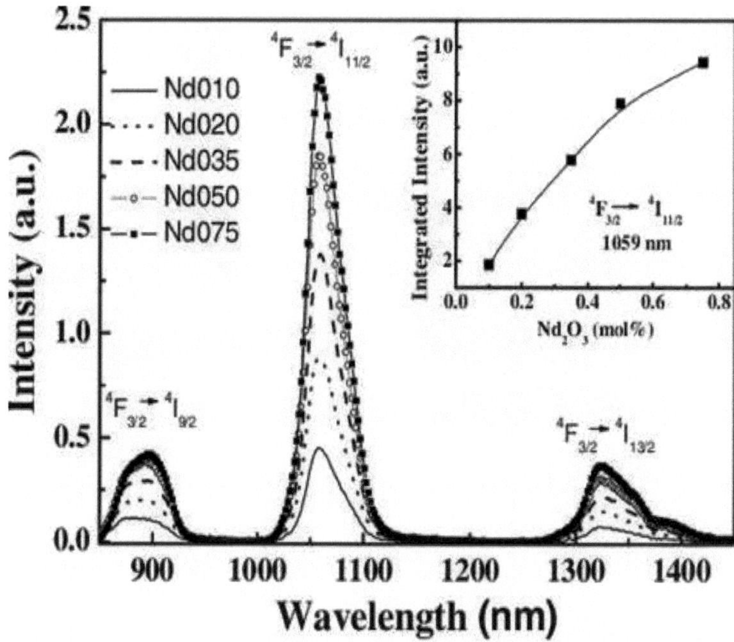

3.11. Díodos emissores de luz

Devido às suas elevadas eficiências quânticas de fotoluminescência, as perovskitas podem ser utilizadas em díodos emissores de luz (LED) [52]. Embora a estabilidade dos LED de perovskite não seja ainda tão boa como a dos LED III-V ou orgânicos, está em curso investigação para resolver este problema, como a incorporação de moléculas orgânicas [53] ou de dopantes de potássio [54] nos LED de perovskite. A tinta de impressão à base de perovskite pode ser utilizada para produzir ecrãs OLED e painéis de pontos quânticos [55].

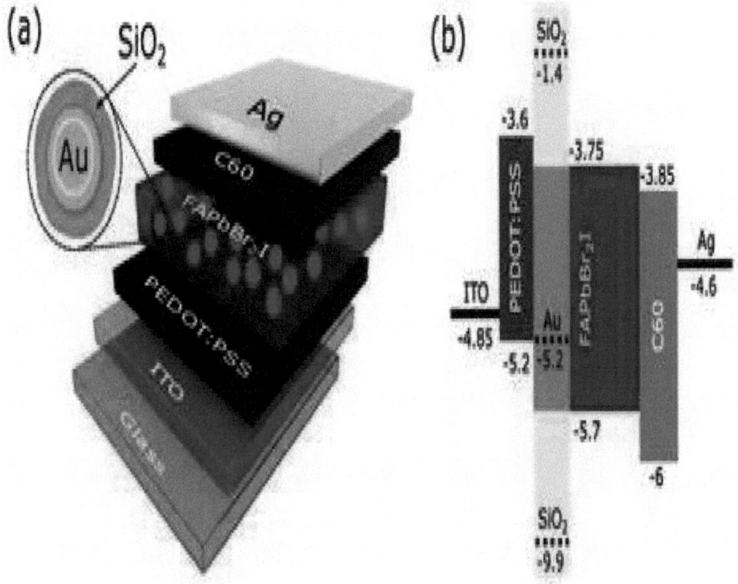

3.12. Fotoelectrólise

A eletrólise da água com uma eficiência de 12,3% utiliza a energia fotovoltaica de perovskite [56, 57].

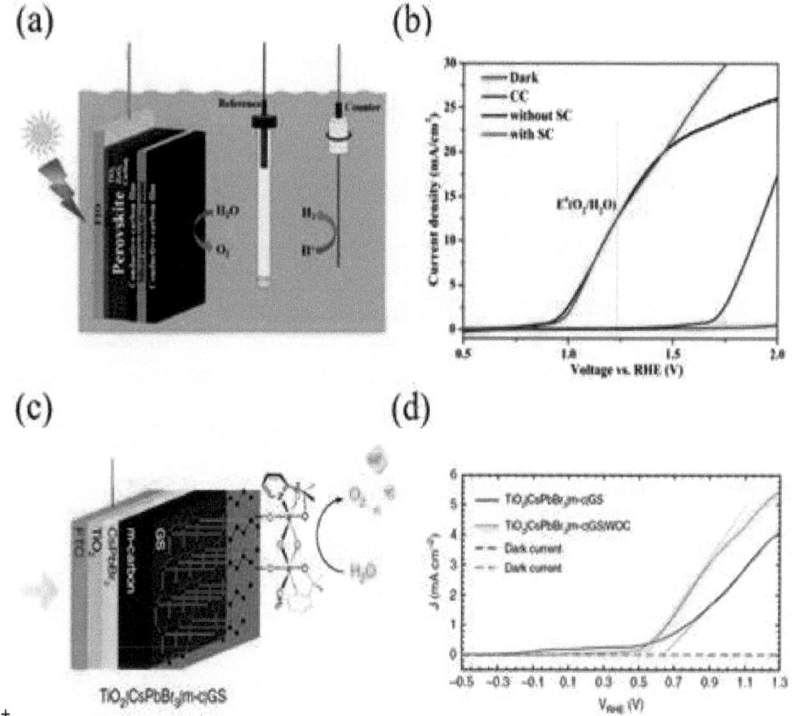

3.13. Cintiladores

Foram registados monocristais de perovskite de alumínio e lutécio dopado com cério (LuAP:Ce) [58]. A principal propriedade destes cristais é uma grande densidade de massa de 8,4 g/cm3, que permite um curto comprimento de absorção de raios X e gama. O rendimento da luz de cintilação e o tempo de decaimento com a fonte de radiação Cs137 são de 11 400 fotões/ MeV e 17 ns, respetivamente [59]. Estas propriedades tornaram os cintiladores de LUAP:Ce atractivos para os comerciais e foram usados com bastante frequência em experiências de física de altas energias. Até onze anos mais tarde, um grupo do Japão propôs cristais híbridos de perovskite orgânica-inorgânica baseados em soluções Ruddlesden-Popper como cintiladores de baixo custo [60].

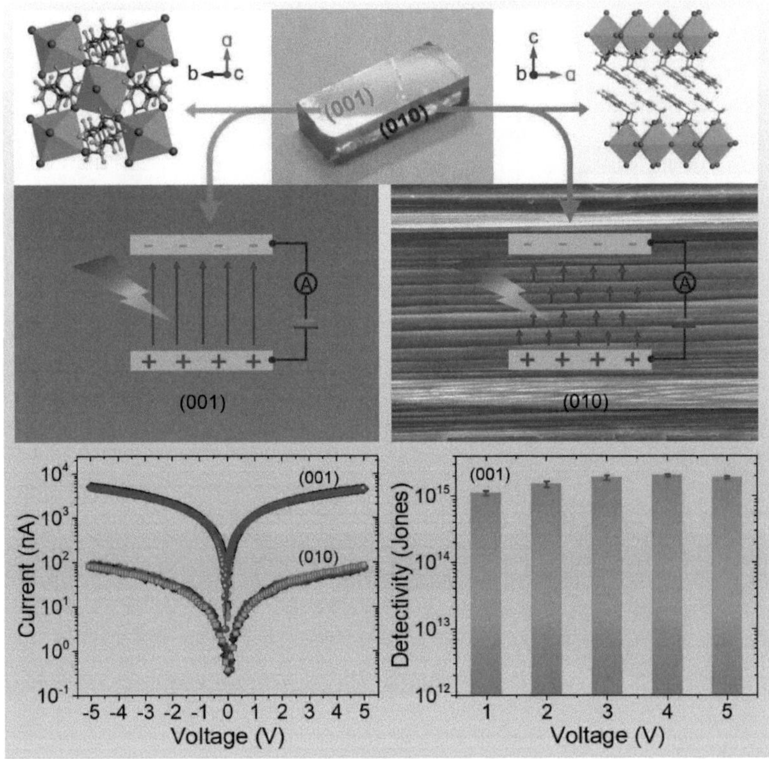

No entanto, as propriedades não eram tão impressionantes em comparação com o LuAP:Ce. Até aos nove anos seguintes, os cristais de perovskite híbridos orgânico-inorgânicos baseados em soluções tornaram-se novamente populares através de um relatório sobre os seus elevados rendimentos luminosos de mais de 100 000 fotões/MeV a temperaturas criogénicas [61]. Foi comunicada a recente demonstração de cintiladores de nanocristais de perovskite para ecrãs de imagiologia de raios X, o que está a desencadear mais esforços de investigação sobre cintiladores de perovskite [62]. As perovskites de Ruddlesden-Popper em camadas mostraram potencial como novos cintiladores rápidos com rendimentos luminosos à temperatura ambiente até 40 000 fotões/MeV, tempos de decaimento rápidos inferiores a 5 ns e pós-brilho negligenciável [16, 17]. Além disso, esta classe de materiais demonstrou capacidade para a deteção de partículas de grande alcance, incluindo partículas alfa e neutrões térmicos [63].

3.14. Exemplos de perovskitas

Simples:

- Titanato de estrôncio
- Titanato de cálcio
- Titanato de chumbo
- Ferrite de bismuto
- Óxido de lantânio e itérbio
- Perovskite de silicato
- Manganite de lantânio
- Perovskite de ítrio e alumínio (YAP)
- Perovskite de alumínio-lutécio (LuAP)

Soluções sólidas:

- Manganite de lantânio e estrôncio
- LSAT (aluminato de lantânio - tantalato de alumínio e estrôncio)
- Tantalato de chumbo e escândio
- Titanato de zirconato de chumbo
- Halogeneto de metilamónio e chumbo
- Halogeneto de metilamónio e estanho
- Halogeneto de formamidínio e estanho

3.15. Referências

[1]. A. Navrotsky (1998).
"Energética e Sistemática Química de Cristais e Estruturas de Perovskite".
Chem. Mater. 10 (10): 2787. doi:10.1021/cm9801901.

[2]. Wenk, Hans-Rudolf; Bulakh, Andrei (2004).
Minerais: Their Constitution and Origin. Nova Iorque, NY: Cambridge University Press. ISBN 978-0-521-52958-7.

[3]. N. Orlovskaya, N. Browning, ed. (2003). Eletrónica Iónica Mista
Perovskites condutoras para sistemas energéticos avançados.

[4]. Artini, Cristina (2017-02-01).
"Química cristalina, estabilidade e propriedades das perovskitas interlantanídeas".
Jornal da Sociedade Europeia de Cerâmica. 37 (2): 427-440.

[5]. Bridgemanite em Mindat.org

[6]. Fan, Zhen; Sun, Kuan; Wang, John (2015-09-15).
"Perovskites para fotovoltaicos: uma revisão combinada de perovskites de óxido".
Journal of Materials Chemistry A. 3 (37): 18809-18828.

[7]. Johnsson, Mats; Lemmens, Peter (2007).
"Cristalografia e Química das Perovskitas". Manual de Magnetismo

e Materiais Magnéticos Avançados. arXiv:cond-mat/0506606.
[8]. Becker, Markus; Klüner, Thorsten; Wark, Michael (2017-03-14). "Formação de factores de tolerância de compostos híbridos de perovskite ABX3". Dalton Transactions. 46 (11): 3500-3509.
[9]. Cava, Robert J. "Cava Lab: Perovskites". Universidade de Princeton. Recuperado em 13 novembro de 2013.
[10]. Kendall, K. R.; Navas, C.; Thomas, J. K.; Zur Loye, H. C. (1996). "Desenvolvimentos recentes em condutores de iões de óxido: Fases de Aurivillius". Química dos Materiais. 8 (3): 642–649. doi:10.1021/cm9503083.
[11]. Munnings, C; Skinner, S; Amow, G; Whitfield, P; Davidson, I (2006). "Estrutura, estabilidade e séries de soluções sólidas de La(2-x)SrxMnO4±δ". Solid State Ionics. 177 (19-25): 1849–1853. doi:10.1016/j.ssi.2006.01.009.
[12]. Munnings, Christopher N.; Sayers, Ruth; Stuart, Paul A.; Skinner (2012). "Transformação estrutural e difração de pó de neutrões in-situ". Ciências do Estado Sólido. 14 (1): 48-53.
[13]. Amow, G.; Whitfield, P. S.; Davidson, I. J.; Hammond, R. P.; Munnings, C. N.; Skinner, S. J. (janeiro de 2004). "Caraterísticas estruturais e de sinterização da série La2Ni1-xCoxO4+δ". Cerâmica Internacional. 30 (7): 1635-1639.
[14]. Amow, G.; Whitfield, P. S.; Davidson, J.; Hammond, R. P.; Munnings, C.; Skinner, S. (11 de fevereiro de 2011). "Tendências estruturais e de propriedades físicas do La2Ni(1-x)CoxO4+δ". Actas da MRS. 755. doi:10.1557/PROC-755-DD8.10.
[15]. Stoumpos, Constantinos C.; et al. (2016-04-26). "Semicondutores homólogos 2D de perovskite híbrida Ruddlesden-Popper". Química dos Materiais. 28 (8): 2852-2867.
[16]. Xie, Aozhen; et al. (2020-10-13). "Cristais cintiladores bidimensionais híbridos de perovskite de chumbo da biblioteca". Química dos Materiais. 32 (19): 8530-8539.
[17]. Maddalena, Francesco; et al. (2021-03-01). "Efeito da dopagem comensurável de lítio em cristais de perovskite dimensional". Journal of Materials Chemistry C. 9 (7): 2504-2512.

[18]. Martin, L.W.; Chu, Y.-H.; Ramesh, R. (maio de 2010).
"Avanços no crescimento e caraterização de filmes finos de óxidos multiferróicos".
Ciência e Engenharia dos Materiais: R: Relatórios. 68 (4-6): 89-133.
[19]. Yang, G.Z; Lu, H.B; Chen, F; Zhao, T; Chen, Z.H (julho de 2001).
"Caracterização por epitaxia molecular a laser de películas finas de óxido de perovskite".
Journal of Crystal Growth. 227-228 (1-4): 929-935.
[20]. Mannhart, J.; Schlom, D. G. (25 de março de 2010).
"Interfaces de óxido - uma oportunidade para a eletrónica". Science. 327 (5973):
1607-1611.
[21]. Chakhalian, J.; Millis, A. J.; Rondinelli, J. (24 de janeiro de 2012).
"Para onde vai a interface do óxido". Nature Materials. 11 (2): 92-94.
[22]. Ohtomo, A.; Hwang, H. Y. (janeiro de 2004).
"Um gás de electrões de alta mobilidade na heterointerface LaAlO3/SrTiO3".
Natureza. 427 (6973): 423-426.
[23]. Haeni, J. H.; et al. (2004).
"Ferroeletricidade à temperatura ambiente em SrTiO3 esticado". Nature. 430 (7001):
758-761.
[24]. Woodward, P. M. (1997-02-01).
"Inclinação Octaédrica em Perovskitas. I. Considerações Geométricas". Ata
Crystallographica Secção B: Ciência Estrutural. 53 (1): 32-43.
[25]. Glazer, A. M. (1972-11-15).
"A classificação dos octaedros inclinados em perovskitas". Ata
Crystallographica Secção B: Cristalografia Estrutural e Cristalografia
Química. 28 (11): 3384-3392.
[26]. John Lloyd (2006). "Qual é o material mais comum do mundo". QI:
O Livro da Ignorância Geral . Faber & Faber. ISBN 978-0-571-23368-7.
[27]. Vasala, Sami; Karppinen, M. (2015). "Perovskitas A2B′B "O6: Uma revisão".
Progresso em Química do Estado Sólido. 43 (1): 1-36.
[28]. Serrate, D; Teresa, J M De; Ibarra, M R (2007-01-17).
"Perovskitas duplas com ferromagnetismo acima da temperatura ambiente".
Jornal de Física: Matéria Condensada. 19 (2): 023201.
[29]. Meneghini, C.; et al. (2009-07-22).
"Natureza da "Desordem" na Perovskita Dupla Ordenada Sr2FeMoO6".
Physical Review Letters. 103 (4): 046403.
[30]. Kulkarni, A; FT Ciacchi; S Giddey; C Munnings; et al. (2012).

"Células de combustível de carbono direto de perovskite condutora iónica mista".
Revista Internacional de Energia do Hidrogénio. 37 (24): 19092-19102.
[31]. J. M. D. Coey; M. Viret; S. von Molnar (1999).
"Manganitos de valência mista". Avanços em Física. 48 (2): 167-293.
[32]. Alexandra Witze (2010). "Construir um catalisador mais barato". Notícias da Ciência Web
Edição.
[33]. Lufaso, Michael W.; Woodward, Patrick M. (2004).
"Distorções de Jahn-Teller, ordenação de catiões e inclinação octaédrica em perovskitas".
Ata Crystallographica Section B. 60 (Pt 1): 10-20.
[34]. "Tamanho do mercado de capacitores, participação, escopo, tendências, oportunidades e previsão".
Pesquisa de mercado verificada. Recuperado em 2022-12-15.
[35]. Merz, Walter J. (1949-10-15).
"O Comportamento Elétrico e Ótico dos Cristais de Domínio Único de BaTi$".
Physical Review. 76 (8): 1221–1225. doi:10.1103/PhysRev.76.1221.
[36]. Eames, Christopher; et al. (2015).
"Transporte iónico em células solares híbridas de perovskite de iodeto de chumbo". Natureza
Comunicações. 6: 7497.
[37]. Bullis, Kevin (8 de agosto de 2013).
"Um material que pode tornar a energia solar "muito barata"".
MIT Technology Review. Recuperado em 9 de maio de 2023.
[38]. Li, Hangqian. (2016).
"Método de deposição sequencial modificado para o fabrico de células solares de perovskite".
Energia Solar. 126: 243-251.
[39]. "Registos de Eficiência das Células de Investigação" (PDF). Gabinete de Eficiência Energética &
Energias renováveis. 2020.
[40]. Zhu, Rui (2020-02-10). "Os dispositivos invertidos estão a recuperar o atraso". Natureza
Energia. 5 (2): 123-124.
[41]. Liu, Mingzhen; Johnston, Michael B.; Snaith, Henry J. (2013).
"Deposição em fase vapor de células solares de perovskite de heterojunção planar eficiente".
Natureza. 501 (7467): 395-398.
[42]. Lotsch, B.V. (2014). "Nova luz sobre uma velha história: Perovskites Go Solar".
Angew. Chem. Int. Ed. 53 (3): 635-637.

[43]. Service, R. (2013). "Aumentando a luz". Ciência. 342 (6160): 794-797.
[44]. Tyndall, Callum (2016-07-04).
"A descoberta à nanoescala pode levar as células solares de perovskite a uma eficiência de 31%".
Arquivado do original em 2016-07-07.
[45]. Hodes, G. (2013). "Células solares baseadas em perovskita". Science. 342 (6156):
317-318.
[46]. Liu, Shuhao; Wang, Lili; Lin, Wei-Chun; Sucharitakul, Sukrit; Burda, Clemens; Gao, Xuan P. A. (2016-12-14).
"Imagiando os longos comprimentos de transporte de filmes de perovskita foto-orientados".
Nano Letters. 16 (12): 7925-7929.
[47]. Lai, Hei Ming (27 de abril de 2022). ACS Appl. Nano Mater. 5 (9): 12366-
12373.
[48]. Liu, M.; Johnston, M. B.; Snaith, H. J. (2013).
"Deposição em fase vapor de células solares de perovskite de heterojunção planar eficiente".
Natureza. 501 (7467): 395-398.
[49]. Dereń, P. J.; Bednarkiewicz, A.; Goldner, Ph.; Guillot-Noël, O. (2008).
"Ação laser no cristal único LaAlO3:Nd3+". Jornal de Ciências Aplicadas
Física. 103 (4): 043102-043102-8.
[50]. Wallace, John (28 de março de 2014)
O material fotovoltaico de perovskite de alta eficiência também brilha.
LaserFocusWorld
[51]. "Estudo: As células solares de perovskite podem funcionar como lasers". Rdmag.com. 2014-03-
28. Recuperado em 2014-08-24.
[52]. Stranks, Samuel D.; Snaith, Henry J. (2015-05-01).
"Perovskites de metal-halogenetos para dispositivos fotovoltaicos e emissores de luz".
Nature Nanotechnology. 10 (5): 391-402.
[53]. Wang, Heyong; et al. (dezembro de 2020).
"Filmes finos compostos de moléculas de perovskita para díodos emissores eficientes".
Nature Communications. 11 (1): 891.
[54]. Andaji-Garmaroudi, Zahra; et al. (dezembro de 2020).
"Elucidating and Mitigating Degradation ProcessesLight-Emitting Diodes".
Materiais energéticos avançados. 10 (48): 2002676

[55]. "Os investigadores desenvolvem dispositivos OLED 3D de próxima geração baseados em perovskite
OLED Info" .
[56]. Jingshan Luo; et al. (26 de setembro de 2014).
"Fotólise da água com uma eficiência de 12,3% através de catalisadores abundantes na Terra".
Ciência. 345 (6204): 1593-1596.
[57]. "Colheita de hidrogénio combustível do Sol utilizando materiais abundantes na Terra".
Phys.org. 25 de setembro de 2014. Recuperado em 26 de setembro de 2014.
[58]. Moszynski, M (1997). "Propriedades do novo cintilador LuAP:Ce". Nuclear
Instrumentos e Métodos de Investigação em Física A. 385 (1): 123-131.
[59]. Maddalena, Francesco; et al. (fevereiro de 2019).
"Cintiladores inorgânicos, orgânicos e de alto rendimento luminoso de raios X e γ".
Cristais. 9 (2): 88. doi:10.3390/cryst9020088. hdl:10356/107027.
[60]. Kishimoto, S (29 de dezembro de 2008).
"Cintilador de perovskite orgânico-inorgânico com resolução temporal de subnano-segundo".
Appl. Phys. Lett. 93 (26): 261901.
[61]. Birowosuto, Muhammad Danang (16 de novembro de 2016).
"Cintilação de raios X em cristais de perovskita de halogeneto de chumbo". Sci. Rep. 6: 37254.
[62]. Chen, Quishui (27 de agosto de 2018).
"Cintiladores de nanocristais de perovskite totalmente inorgânicos". Natureza. 561 (7721): 88-
93.
[63]. Xie, Aozhen; et al. (2020-06-24).
"Deteção de radiação em perovskite bidimensional dopada com lítio".
Materiais de comunicação. 1 (1): 37.

Capítulo (4)

Células solares de perovskite

4.1. Prefácio

O Gabinete de Tecnologias de Energia Solar (SETO) do Departamento de Energia dos EUA apoia projectos de investigação e desenvolvimento que aumentam a eficiência e o tempo de vida das células solares híbridas de perovskite orgânica-inorgânica, acelerando a comercialização das tecnologias solares de perovskite e diminuindo os custos de fabrico.

Célula solar de perovskite.

As perovskitas de halogenetos são uma família de materiais que demonstraram potencial para um elevado desempenho e baixos custos de produção em células solares. O nome "perovskite" provém da alcunha da sua estrutura cristalina, embora outros tipos de perovskites não halogenadas (como óxidos e nitretos) sejam utilizados noutras tecnologias energéticas, como as células de combustível e os catalisadores.

(a)

(b)

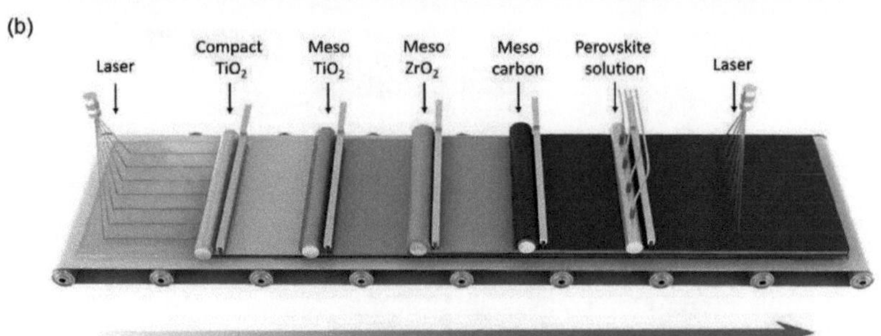

As células solares de perovskite registaram progressos notáveis nos últimos anos, com um rápido aumento da eficiência, que passou de cerca de 3% em 2009 para mais de 25% atualmente. Embora as células solares de perovskite se tenham tornado altamente eficientes num período de tempo muito curto, subsistem ainda alguns desafios antes de se poderem tornar uma tecnologia comercial competitiva.

4.2. Direcções de investigação

A SETO identificou quatro desafios principais que devem ser simultaneamente abordados para que as tecnologias de perovskite sejam comercialmente bem sucedidas. Cada desafio representa um conjunto único de barreiras e requer objectivos técnicos e comerciais específicos para ser alcançado. O gabinete está a apoiar projectos que trabalham para enfrentar estes desafios através de vários programas de financiamento, incluindo os programas de financiamento SETO FY2021 Small Innovative Projects in Solar (SIPS), SETO 2020 Photovoltaics, e SETO FY20 Perovskite, bem como o Perovskite Startup Prize.

Saiba mais sobre a perspetiva da SETO relativamente às perovskites no nosso artigo Energy Focus e no nosso pedido de informações sobre objectivos de desempenho.

4.3. Estabilidade e durabilidade

As células solares de perovskite demonstraram eficiências de conversão de energia (PCE) competitivas com potencial para um desempenho superior, mas a sua estabilidade é limitada em comparação com as principais tecnologias fotovoltaicas (PV). As perovskitas podem decompor-se quando reagem com a humidade e o oxigénio ou quando passam muito tempo expostas à luz, ao calor ou à tensão aplicada. Para aumentar a estabilidade, os investigadores estão a estudar a degradação tanto do próprio material de perovskite como das camadas circundantes do dispositivo. A melhoria da durabilidade das células é fundamental para o desenvolvimento de produtos solares comerciais de perovskite.

Apesar dos progressos significativos na compreensão da estabilidade e degradação das células solares de perovskite, estas não são atualmente comercialmente viáveis devido ao seu tempo de vida operacional limitado. As aplicações comerciais fora do sector da energia podem tolerar uma vida operacional mais curta, mas mesmo estas exigiriam melhorias em factores como a estabilidade do dispositivo durante o armazenamento. Para a produção de energia solar em geral, as tecnologias que não podem funcionar durante mais de duas décadas têm poucas probabilidades de êxito, independentemente de outras vantagens.

Os primeiros dispositivos de perovskite degradaram-se rapidamente, tornando-se não funcionais em minutos ou horas. Atualmente, vários grupos de investigação demonstraram tempos de vida de vários meses de funcionamento. Para a produção comercial de eletricidade ao nível da rede, a SETO tem como objetivo um tempo de vida operacional de, pelo menos, 20 anos e, de preferência, mais de 30 anos.

A comunidade de investigação e desenvolvimento (I&D) de PV de perovskite está fortemente focada no tempo de vida operacional e está a considerar várias abordagens para compreender e melhorar a estabilidade e a degradação. Os esforços incluem tratamentos melhorados para diminuir a reatividade da superfície de perovskite, materiais e formulações alternativos para materiais de perovskite, camadas de dispositivos circundantes e contactos eléctricos alternativos, materiais de encapsulamento avançados e abordagens que atenuam as fontes de degradação durante o fabrico e o funcionamento.

Um problema na avaliação da degradação das perovskitas é o desenvolvimento de métodos de teste e validação consistentes. Os grupos de investigação apresentam resultados de desempenho baseados em condições de ensaio muito variadas, incluindo diferentes abordagens de encapsulamento, composições atmosféricas, iluminação, polarização eléctrica e outros parâmetros. Embora estas condições de ensaio variadas possam fornecer informações e dados valiosos, a falta de normalização torna difícil a comparação direta dos resultados e a previsão do desempenho no terreno a partir dos resultados dos ensaios.

4.4. Eficiência de conversão de energia à escala

Em dispositivos laboratoriais de pequena área, as células fotovoltaicas de perovskite ultrapassaram quase todas as tecnologias de película fina (exceto as tecnologias III-V) em termos de eficiência de conversão de energia, apresentando rápidas melhorias nos últimos cinco anos. No entanto, os dispositivos de elevada eficiência não têm sido necessariamente estáveis ou possíveis de fabricar em grande escala. Para uma implantação generalizada das perovskitas, será necessário manter estas eficiências elevadas e, ao mesmo tempo, conseguir estabilidade em módulos de grande superfície. A melhoria contínua da eficiência em módulos de área média poderá ser valiosa para os mercados da energia móvel, de resposta a catástrofes ou operacional, em que é fundamental dispor de dispositivos leves e de alta potência.

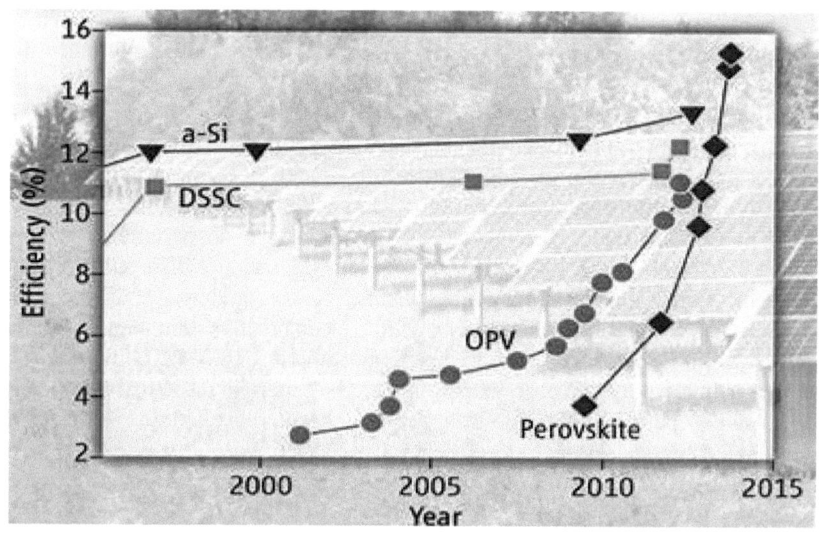

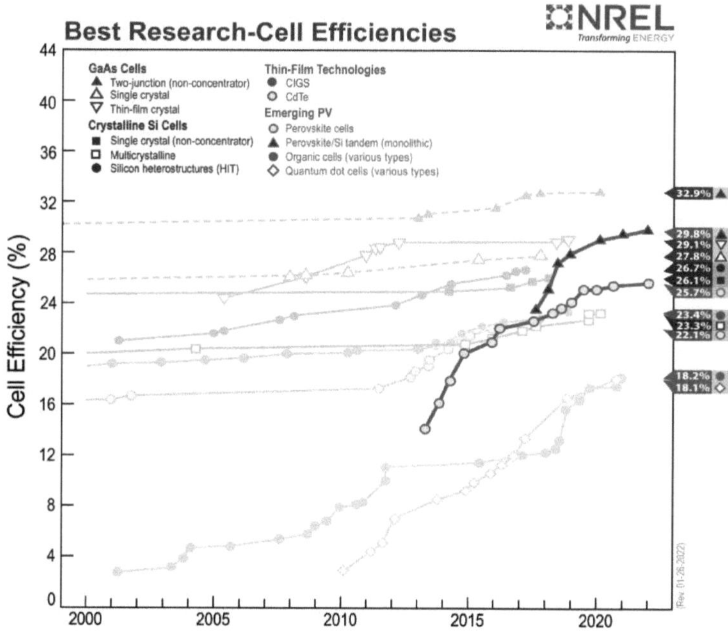

Registos de eficiência para células fotovoltaicas de perovskite em comparação com outras tecnologias fotovoltaicas, com registos actuais de

25,7% para dispositivos de perovskite de junção única e 29,8% para dispositivos de perovskite-silício em tandem (a partir de 26 de janeiro de 2022).

As perovskitas podem ser ajustadas para responder a diferentes cores do espetro solar, alterando a composição do material, e uma variedade de formulações demonstrou um elevado desempenho. Esta flexibilidade permite que as perovskitas sejam combinadas com outro material absorvente de afinação diferente para fornecer mais energia a partir do mesmo dispositivo. Isto é conhecido como uma arquitetura de dispositivo em tandem. A utilização de múltiplos materiais fotovoltaicos permite que os dispositivos em tandem tenham potenciais eficiências de conversão de energia superiores a 33%, o limite teórico de uma célula fotovoltaica de junção única. Os materiais de perovskite podem ser ajustados para tirar partido das partes do espetro solar que os materiais fotovoltaicos de silício não conseguem utilizar de forma muito eficiente, o que significa que são excelentes parceiros híbridos em tandem. Também é possível combinar duas células solares de perovskite de composição diferente para produzir um tandem de perovskite-perovskite. Os tandems de perovskite-perovskite podem ser particularmente competitivos nos sectores móvel, de resposta a catástrofes e de operações de defesa, uma vez que podem ser transformados em dispositivos flexíveis e leves com elevadas relações potência/peso.

THIN FILM
PEROVSKITE SOLAR CELL

Transparent Conductive Oxide (TCO)
Glass
Electron Conductor
PEROVSKITE
Electrode
Hole conductor

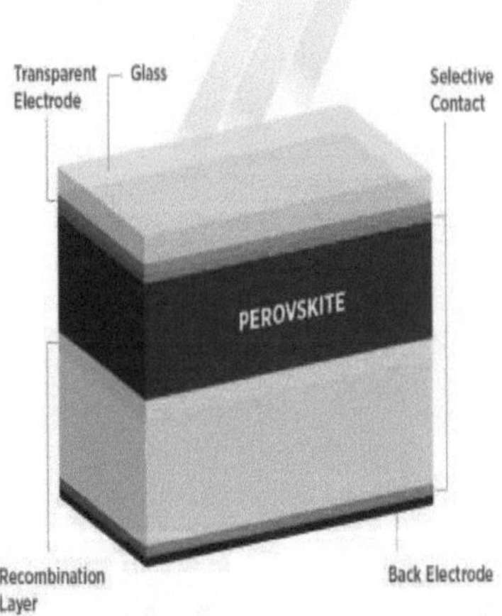

4.5. Capacidade de fabrico

É necessário aumentar o fabrico de perovskite para permitir a produção comercial de células solares de perovskite. Tornar os processos escaláveis e reproduzíveis poderia aumentar o fabrico e permitir que os módulos fotovoltaicos de perovskite cumprissem ou excedessem os objectivos de custo nivelado de eletricidade da SETO para a energia fotovoltaica.

As células solares de perovskite são dispositivos de película fina construídos com camadas de materiais, impressos ou revestidos com tintas líquidas ou depositados em vácuo. A produção de material de perovskite uniforme e de elevado desempenho num ambiente de fabrico em grande escala é difícil e existe uma diferença substancial entre a eficiência de células de pequena área e a eficiência de módulos de grande área. O futuro do fabrico de perovskite dependerá da resolução deste desafio, que continua a ser uma área de trabalho ativa na comunidade de investigação fotovoltaica.

Muitos destes métodos utilizados para produzir dispositivos de perovskite à escala laboratorial não são fáceis de ampliar, mas estão a ser desenvolvidos esforços significativos para aplicar abordagens expansíveis ao fabrico de perovskite. Relativamente às tecnologias de película fina, estas podem ser divididas em dois tipos principais de produção:

- **Folha a folha:** As camadas do dispositivo são depositadas numa base rígida, que normalmente actua como a superfície frontal do módulo solar completo. Esta abordagem é normalmente utilizada na indústria de película fina de telureto de cádmio (CdTe).

- **Roll-to-Roll:** As camadas do dispositivo são depositadas numa base flexível, que pode depois ser utilizada como parte interior ou exterior do módulo completo. Os investigadores tentaram esta abordagem para outras tecnologias fotovoltaicas, mas o processamento rolo-a-rolo não ganhou força comercial devido às limitações de desempenho destas tecnologias. No entanto, é amplamente utilizado para produzir películas fotográficas e químicas e produtos de papel, como jornais.

Se as perovskitas puderem ser produzidas de forma fiável utilizando estas abordagens de fabrico escaláveis, têm potencial para uma expansão de capacidade mais rápida do que o silício fotovoltaico. Ambos os processos estão bem estabelecidos noutras indústrias, pelo que o conhecimento e as cadeias de abastecimento existentes podem ser aproveitados para reduzir ainda mais os custos e os riscos de escalonamento.

Outros obstáculos à comercialização são os potenciais impactos ambientais dos materiais de perovskite, que são principalmente à base de chumbo. Como tal, estão a ser estudados materiais alternativos para avaliar, reduzir, mitigar e potencialmente eliminar a toxicidade e as preocupações ambientais.

4.6. FV de perovskite e mercado solar global

4.6.1. Prefácio

A crise climática tornou a transição para a energia limpa um imperativo global. A nossa célula solar de perovskite sobre silício proporciona uma elevada eficiência a baixo custo - essencial para que a energia solar substitua os combustíveis fósseis e satisfaça a crescente procura de energia.

Atualmente, a principal tecnologia solar fotovoltaica - o silício - está a atingir o seu limite de eficiência prática e económica. A nossa tecnologia de células solares de perovskite pode quebrar a barreira da eficiência solar. Melhorar significativamente o desempenho das Si-PV permitirá reduções de custos que transformarão a economia e acelerarão o crescimento da energia solar a nível mundial.

4.6.2. Importância da energia fotovoltaica de perovskite

4.6.2.1. Reforço da indústria fotovoltaica

Quando construídas sobre células solares de silício convencionais, as células em tandem resultantes podem ultrapassar a barreira do desempenho fotovoltaico do silício.

4.6.2.2. Elevado desempenho fotovoltaico

Uma célula tandem de perovskite sobre silício tem um limite teórico de eficiência de 43% contra 29% para as células de silício.

4.6.2.3. Grande intervalo de banda ajustável

Capacidade de captar partes específicas do espetro solar, em particular no extremo azul de alta energia, e de as converter em eletricidade.

4.6.2.4. Solução fotovoltaica de baixo custo e de película fina

Materiais de origem amplamente disponíveis e de baixo custo. Processos de fabrico simples.

4.6.2.5. Célula de dimensão comercial de eficiência mais elevada

A nova célula solar em tandem de perovskite sobre silício de dimensão comercial detém o recorde mundial de eficiência de 26,8%, certificado pelo Fraunhofer ISE. (Ver 'Solar cell efficiency tables (Version 60)', de Martin Green et al.) Temos um roteiro claro para levar a nossa tecnologia para além dos 30% de eficiência.

A Oxford PV bate o recorde mundial de células solares de perovskite.

A célula solar de perovskite sobre silício alcançou uma eficiência de conversão certificada de 29,52%. Este facto valida a capacidade da perovskite para melhorar o desempenho da energia fotovoltaica baseada no silício.

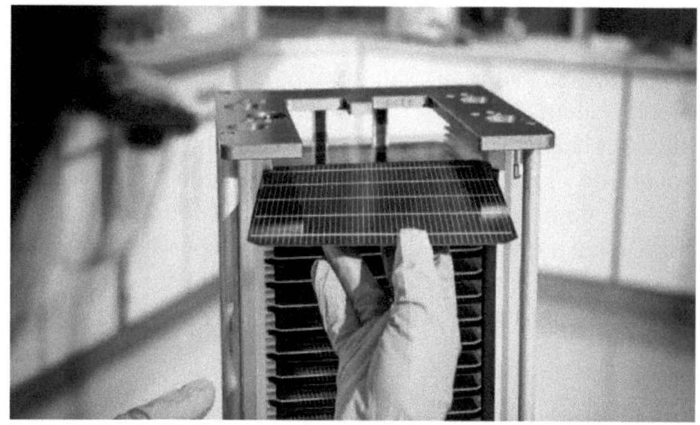

Oxford PV.

Capítulo (5)

Células solares à base de perovskite

5.1. Prefácio

As células solares à base de perovskite têm potencial para levar as actuais células solares a novos níveis, devido à sua maior eficiência de conversão, menor custo, flexibilidade e facilidade de fabrico. Além disso, revelam potencial para uma deposição fácil numa variedade de superfícies, incluindo as que são texturadas ou flexíveis. A sua utilização de materiais abundantes e baratos e processos de fabrico mais simples tornam-nas uma tecnologia promissora para o futuro da energia solar.

Os materiais de perovskite podem ser utilizados numa vasta gama de aplicações para além das células solares, incluindo díodos emissores de luz, lasers e sensores. Esta versatilidade poderá fazer da perovskite um material valioso para uma variedade de indústrias diferentes.

- Maior eficiência
- Custos mais baixos
- Flexibilidade
- Diferentes aplicações

5.2. Importância dos sistemas Glove-box para a investigação/produção de perovskite

Os materiais mais utilizados são as perovskitas de halogenetos de metais orgânicos. Muitos destes materiais são tóxicos e sensíveis ao ar ambiente (oxigénio/humidade), além de poderem ser corrosivos em combinação com a humidade. Os nossos sistemas de glovebox fornecem uma atmosfera inerte com um nível controlado de oxigénio e humidade, permitindo aos investigadores e fabricantes trabalhar com materiais OPV sem os expor à atmosfera. Isto assegura a estabilidade e a qualidade dos materiais e dispositivos que estão a ser produzidos. O sistema também fornece um ambiente de temperatura controlada que pode ser optimizado para materiais e processos OPV específicos.

5.3. Fabrico perfeito de perovskite

As camadas de perovskite podem ser produzidas através de diferentes processos de revestimento. De um modo geral, estes processos podem ser divididos nas seguintes técnicas

- Método químico húmido (processo de solução em condições ambientais)

- Preparação da fase gasosa (processo de vácuo)
- Métodos híbridos - uma mistura de ambos

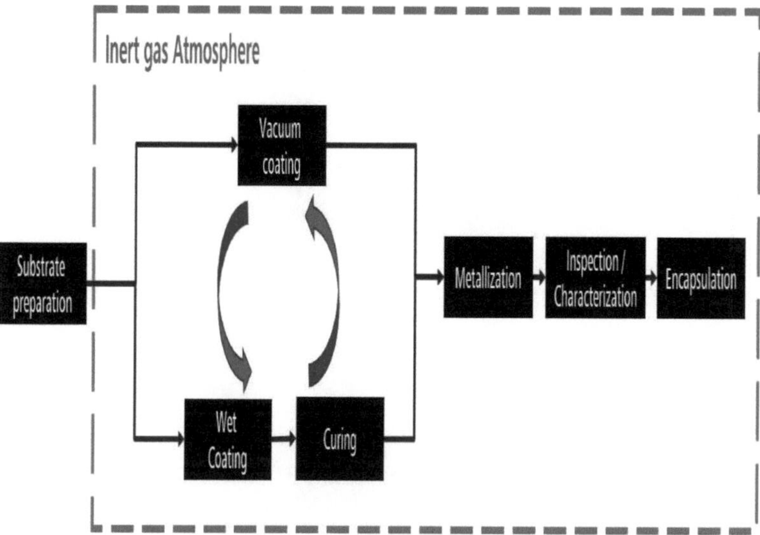

5.4. Solução patenteada PEROvap

Esta plataforma patenteada de deposição em vácuo foi especificamente concebida para depositar materiais de perovskite com um baixo ponto de ebulição. Um material comummente utilizado com esta caraterística é, por exemplo, o iodeto de metil-amónio. O baixo ponto de ebulição resulta na re-evaporação do material já depositado, mesmo à temperatura ambiente, impedindo um processo repetível e estável.

5.5. Controlo do processo

- A câmara principal pode ter a temperatura controlada
- Baixa temperatura controlada na câmara interior
- Minimização da re-evaporação e da diafonia
- A fonte especial ULTE ("Ultra Low Temperature Evaporator") foi desenvolvida e amplamente comprovada para a utilização de substâncias altamente voláteis como o AMI

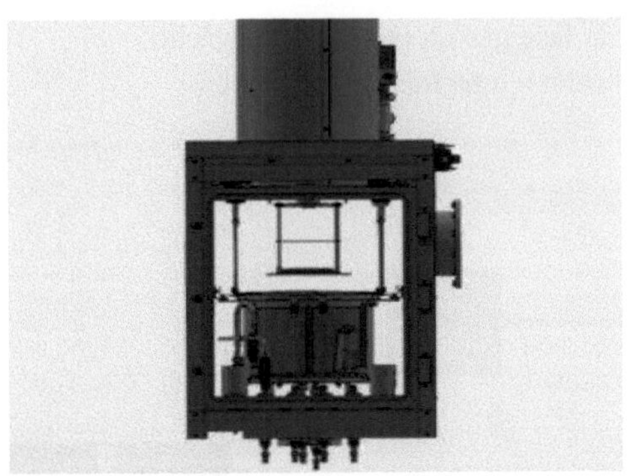

5.5.1. Controlo perfeito do processo e repetibilidade

5.5.1.1. Conceção topo de gama

- Fonte especial de deposição de halogenetos orgânicos
- Todos os materiais dos componentes foram selecionados para uma elevada resistência à corrosão
- Conceção especial de todas as peças e componentes para permitir uma limpeza e manutenção fáceis, especialmente no que diz respeito aos materiais de perovskite corrosivos e venenosos

5.6. Segurança através do porta-luvas

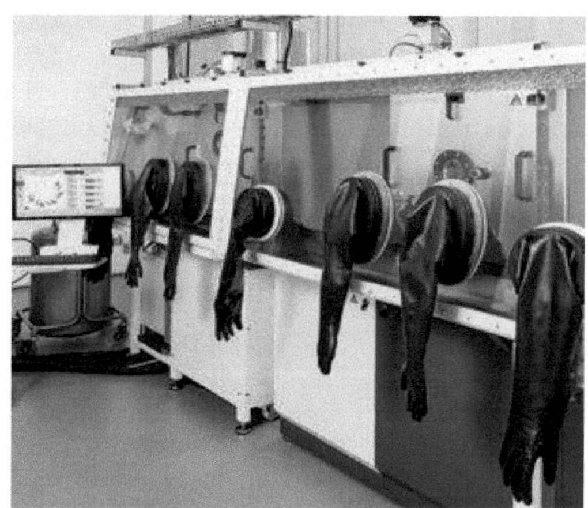

- Funcionamento em condições de gás inerte
- Caraterísticas de segurança
- Proteção do operador
- Proteção dos materiais

5.7. Recomendações para o sector dos perovskitas OPTIvap

A série MB-OptiVap é a atual solução topo de gama da série de ferramentas de deposição da MBRAUN. Concebidas para os requisitos da investigação especializada até à produção piloto, estas ferramentas são frequentemente utilizadas em laboratórios industriais e universidades de ponta em todo o mundo.

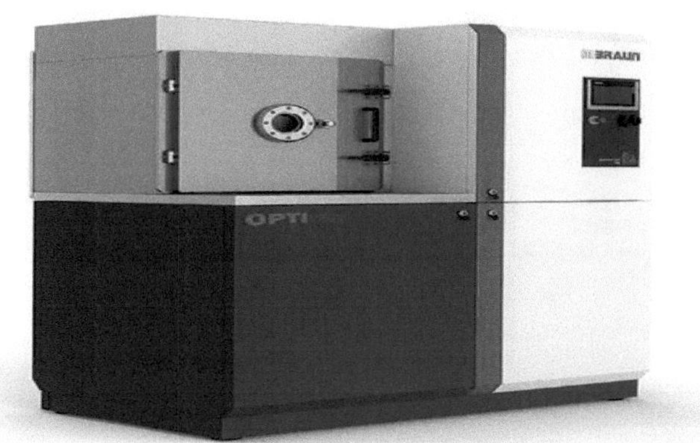

Placas de aquecimento

O sistema de placa quente empilhada (HPL Stack) da MBRAUN baseia-se na tecnologia de placa quente empilhada com aquecimento resistivo. Foi concebido para proporcionar uma ferramenta modular, flexível e economizadora de espaço, com elevada produtividade, excelente repetibilidade do processo e custo mínimo de propriedade.

PEROvap

O sistema de deposição PEROvap está integrado numa caixa de luvas para funcionar em condições inertes e proteger os materiais da influência do oxigénio e da água. Os precursores orgânicos altamente voláteis utilizados requerem uma evaporação definida a temperaturas muito baixas. Além disso, podem ser facilmente re-evaporados de todas as superfícies da câmara.

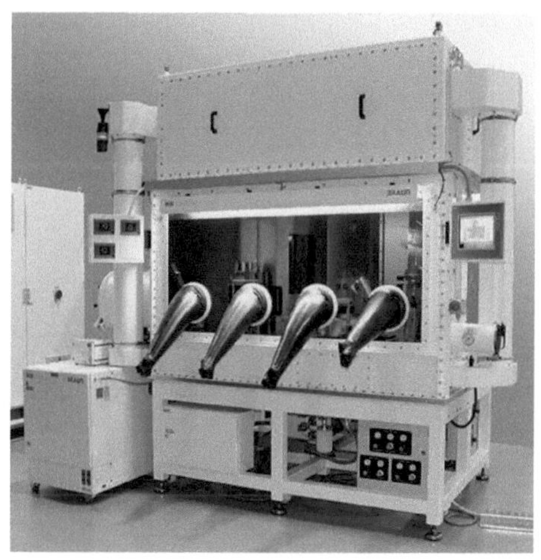

Mini-Perovap

Câmara de conceção compacta 100% dedicada às perovskitas. Pode ser integrada nos gloveboxes MBRAUN existentes. Utilizável para substratos até 50x50 mm.

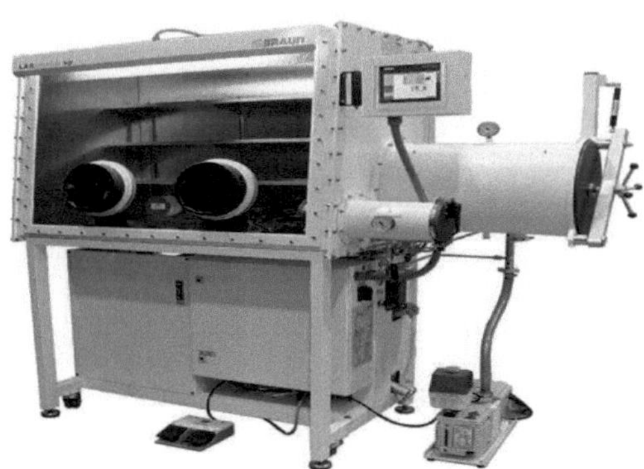

LABmaster pro

O porta-luvas LABmasterpro oferece caraterísticas e benefícios avançados para satisfazer as necessidades dos nossos clientes. Como modelo de referência, o LABmasterpro é facilmente configurado com a nossa gama completa de ferramentas de processo criadas para o efeito e pode ser totalmente integrado com outro equipamento de terceiros.

Revestimento por rotação

O revestimento por centrifugação é normalmente utilizado em I&D e em aplicações industriais para revestir camadas finas em substratos rígidos. A programação fácil de receitas individuais inclui velocidade, aceleração e tempo. Isto dá aos utilizadores a flexibilidade para realizarem investigação avançada, especialmente quando estão a ser utilizados materiais sensíveis ao ar.

Revestimento de matrizes de ranhuras

O revestimento por matriz com ranhura é uma técnica altamente escalável para a deposição rápida de películas finas e uniformes com um mínimo de desperdício de material e baixos custos operacionais. O revestimento com matriz de ranhura é utilizado para aplicar uma variedade de produtos químicos líquidos a substratos feitos de diferentes materiais, como vidro, metal e polímeros.

Fornos

Os sistemas MBRAUN Glovebox podem ser opcionalmente equipados com fornos para desidratação ou cura de materiais sensíveis em condições controladas.

Todos os sistemas de fornos MBRAUN são especialmente concebidos para integração em ambientes inertes e estão também disponíveis como unidades autónomas.

MB-Laminar-Flow

As partículas afectam negativamente as estruturas celulares das baterias. A MBRAUN é uma das poucas empresas a atingir um padrão de sala limpa de classe ISO 2 e O2 e H2O <1 ppm. Adoptámos os conceitos comprovados de sala limpa, transferimos os principais elementos técnicos para a tecnologia de gás inerte e combinámo-los com desenvolvimentos internos, como a membrana HPL.

Mini-Perovap

Câmara de conceção compacta 100% dedicada às perovskitas. Pode ser integrada nos gloveboxes MBRAUN existentes. Utilizável para substratos até 50x50 mm.

Capítulo (6)
Vantagens e Desvantagens das Células Solares de Perovskite

6.1. Prefácio

As células solares de perovskite têm várias vantagens e desvantagens. Do lado positivo, as células solares de perovskite são escaláveis, flexíveis, económicas e fáceis de fabricar. Têm também um intervalo de banda ajustável, uma reação de absorção rápida e um processamento baseado em soluções de baixo custo. As células solares de perovskite demonstraram uma elevada eficiência de conversão de energia e têm potencial para serem integradas noutras aplicações opto-electrónicas. No entanto, existem também desafios associados às células solares de perovskite. Um dos principais desafios é a sua estabilidade operacional, que tem atraído cada vez mais atenção. Outros desafios incluem questões de estabilidade, processamento em grandes áreas e toxicidade, que dificultam a sua comercialização. Além disso, a presença de radiação de alta energia no ambiente espacial pode causar a falha prematura das células solares de perovskite, tornando a sua utilização em aplicações espaciais um desafio.

Título	Visão
Avanços em perovskitas para aplicações fotovoltaicas no espaço Valentino Romano +3 mais 09 Jul 2022-ACS energy letters.	Vantagens: fino, leve, económico e flexível. Desvantagens: suscetível de ser danificado por radiações de alta energia no ambiente espacial.
Estratégias de melhoria da estabilidade e eficiência das células solares de perovskite Hongliang Liu +9 mais 22 Set 2022-Nanomateriais	Vantagens: intervalo de banda ajustável, reação de absorção rápida, baixo custo, processamento baseado em soluções. Desvantagens: problemas de estabilidade, desafios de processamento em grandes áreas, preocupações com a toxicidade.
Novos Materiais em Células Solares de Perovskite: Eficiência, Estabilidade e Perspectivas Futuras Anup Bist +5 mais 24 de maio de 2023-Nanomateriais	Vantagens: disponibilidade generalizada, temperatura de processamento mais baixa, toxicidade reduzida, facilidade de fabrico, capacidade de funcionar em condições de humidade e nevoeiro. Desvantagens: natureza tóxica, instabilidade, elevada taxa de recombinação de electrões.

Materiais 2D monoelementares semelhantes ao grafeno para células solares de perovskite Selengesuren Suragtkhuu +8 mais 12 de fevereiro de 2023-Advanced Energy Materials	Vantagens: desempenho notável, baixo custo de produção, elevado potencial de integração noutras aplicações optoelectrónicas. Desvantagens: problemas de estabilidade operacional.
Revisão dos avanços recentes nos materiais das células solares híbridas de perovskite orgânico-inorgânico Kawther A. Kalaph +3 mais 20 Out 2022-Jornal iraquiano de investigação industrial	Vantagens: elevada eficiência de conversão de energia, menor custo dos materiais e dos processos. Desvantagens: as perovskitas à base de chumbo são tóxicas e instáveis, o que limita a produção e as aplicações comerciais.

6.2. Materiais de perovskite comparados com as células solares tradicionais

Os materiais de perovskite apresentam um grande potencial para aumentar a eficiência das células solares em comparação com as células solares tradicionais. A investigação mostra que as células solares de perovskite (PSC) atingiram eficiências superiores a 25%, rivalizando com as suas homólogas à base de silício num período de desenvolvimento mais curto. Os estudos centraram-se na otimização das estruturas das PSC, investigando a espessura da camada absorvente, o que conduziu a melhorias significativas da eficiência, com um PCE de 22,86% registado para as PSC baseadas em CsPbI3. Além disso, os avanços na tecnologia das células solares de perovskite resolveram os desafios da estabilidade, abrindo caminho para a comercialização. Estão a ser explorados materiais inorgânicos de transporte de buracos para aumentar a estabilidade, reduzir os custos e melhorar a condutividade nas PSC. Além disso, os esforços de engenharia demonstraram que, através do controlo das interfaces e da otimização das estruturas, as CPS podem atingir eficiências elevadas comparáveis às das células solares convencionais, com um PCE de 24,1% registado em estudos recentes.

6.3. Desvantagens do perovskite nos dispositivos

Os dispositivos à base de perovskite oferecem inúmeras vantagens, como o baixo custo, a elevada eficiência e a flexibilidade. No entanto, vários desafios impedem a sua adoção generalizada. Questões como a estabilidade material e estrutural, o desempenho dos dispositivos em condições adversas e as preocupações ambientais devido à toxicidade do chumbo constituem obstáculos significativos à comercialização. Além disso, a instabilidade da superfície dos óxidos de perovskite causada pela segregação de dopantes pode limitar o desempenho e a durabilidade destes materiais. Além disso, o peso ambiental do chumbo nas células solares de perovskite suscita preocupações quanto a potenciais fugas de Pb e à necessidade de tecnologias avançadas de encapsulamento e de soluções de eliminação. A superação destes desafios através de formulações inovadoras de materiais, da engenharia de dispositivos e da abordagem dos impactos ambientais é crucial para melhorar o desempenho e a aceitação dos dispositivos à base de perovskite em várias aplicações.

6.4. Desafios na energia fotovoltaica de perovskite

Os principais desafios na energia fotovoltaica de perovskite incluem questões de estabilidade, particularmente relacionadas com a estabilidade do dispositivo em condições ambientais adversas, como a humidade, a luz e as variáveis térmicas. Além disso, desafios como a estabilidade material e estrutural, a engenharia de dispositivos, a estabilidade do desempenho em ambientes agressivos, a relação custo-eficácia e as preocupações ambientais têm de ser abordados para uma aceitação generalizada dos dispositivos solares à base de perovskite. Além disso, a estabilidade a longo prazo continua a ser um desafio crítico para a comercialização, com os investigadores a concentrarem-se na melhoria da estabilidade das células solares de perovskite através de modificações estruturais e de técnicas de fabrico. A necessidade de métricas universais de estabilidade e a importância da qualidade dos dados para a compreensão dos factores que afectam a estabilidade das células foram também salientadas como aspectos cruciais para a investigação futura neste domínio.

6.5. Eficiência das células solares de perovskite em comparação com as células solares à base de silício

As células solares de perovskite avançaram rapidamente, com eficiências superiores a 25% e um desempenho comparável ao das células solares à base de silício num período de desenvolvimento mais curto. As configurações de células solares em tandem, que combinam células de perovskite e de silício, demonstraram eficiências melhoradas, atingindo até 31,25%. As células solares em tandem de perovskite-silício demonstraram níveis de eficiência elevados, até 34,88%, através de estudos de otimização e simulação. Além disso, as células solares em tandem de perovskite/perovskite/silício de junção tripla atingiram uma eficiência de conversão recorde de 22,23% através da utilização de estratégias inovadoras para melhorar o desempenho das células individuais de perovskite. Foram também exploradas estratégias como a incorporação de materiais core-shell para melhorar a estabilidade, com um aumento notável da eficiência de conversão de energia e uma maior estabilidade sob exposição prolongada à luz natural.

6.6. Principais desafios no fabrico de células solares de perovskite

Os principais desafios no fabrico de células solares de perovskite incluem a estabilidade material e estrutural, a estabilidade do dispositivo em condições de temperatura e humidade elevadas, o tempo de vida, o custo de fabrico e as preocupações ambientais. Outro desafio é o aumento da escala das células fabricadas em laboratório para módulos solares, com ênfase na otimização do método de revestimento para preservar a qualidade da camada de perovskite e obter mini-módulos de elevado desempenho. Além disso, a produção em massa de células solares de perovskite exige processos sustentáveis do ponto de vista ambiental e a formação uniforme e em grande área de todas as camadas. A estabilidade térmica e a longo prazo é um grande desafio para as células solares de perovskite orgânico-inorgânico, mas as células solares de perovskite totalmente inorgânico à base de carbono demonstraram uma elevada estabilidade e vantagens de baixo custo. A fraca estabilidade é também um grande desafio que impede a comercialização de células solares de perovskite, e os investigadores têm utilizado técnicas de modificação estrutural e de fabrico para melhorar a estabilidade.

6.7. Prolongamento do tempo de vida das células solares de perovskite

6.7.1. Prefácio

As células solares de perovskite (PSC) são uma tecnologia emergente de células solares que apresenta uma eficiência excecional. No entanto, a aplicação e a comercialização na vida real exigem que os dispositivos permaneçam estáveis durante os seus 20 a 25 anos de vida útil. Como as PSC são expostas ao ar livre, vários factores de stress contribuem inevitavelmente para a sua degradação [1]. Estes factores de stress incluem humidade, oxigénio, tensão de polarização, níveis variáveis de iluminação e mudanças de temperatura.

Embora o efeito de factores de tensão individuais nas PSC tenha sido bem estudado, não prevê a estabilidade na vida real. O teste de estabilidade mais comum continua a ser o envelhecimento sob ponto de potência máxima (MPP) em ambientes inertes. Embora o insucesso neste teste possa apontar para uma instabilidade intrínseca da arquitetura do dispositivo ou da composiçãoda película de perovskite, o sucesso não é um indicador de um tempo de vida real no exterior, uma vez que os factores de aceleração são desconhecidos e o efeito do encapsulamento não foi tido em conta.

Ali et al. propuseram um conjunto mais robusto de procedimentos de teste para PSCs, expondo-os a condições de funcionamento mais realistas para melhor avaliar o seu desempenho no mundo real. "Esperamos ir além dos testes MPP para testar dispositivos encapsulados sob protocolos de envelhecimento acelerado mais exigentes, bem como realizar mais testes ao ar livre, que são necessários para aumentar a estabilidade do PSC", disse a autora Aleksandra Djurišić.

Para ilustrar a importância dos ensaios em exteriores, os autores examinaram vários mecanismos de degradação, exploraram os progressos efectuados nos ensaios de estabilidade em exteriores e forneceram orientações para a realização de ensaios em exteriores. Discutiram também os efeitos da estabilidade intrínseca e do encapsulamento na estabilidade no exterior. "A comunidade PSC é ativa na investigação da estabilidade PSC", afirmou Djurišić. "Testes de estabilidade ao ar livre round robin, semelhantes aos realizados em células solares orgânicas no passado, são altamente esperados para entender os efeitos de diferentes climas no desempenho do PSC."

6.8. Referências

[1]. Ensaio da estabilidade das células solares de perovskite no exterior: Passo necessário para
aplicações na vida real", por Muhammad Umair Ali, Hongbo Mo, Yin Li, e
Aleksandra B. Djurišić, APL Energia (2023). O artigo pode ser acedido em https://doi.org/10.1063/5.0155845 .

Capítulo (7)
Caça à energia sustentável

7.1. Prefácio

O último relatório do Painel Intergovernamental sobre as Alterações Climáticas, tornado público na primavera de 2022, é uma leitura sóbria: 3,5 mil milhões de pessoas já são altamente vulneráveis às alterações climáticas, sofrendo regularmente de escassez de água, calor mortal ou inundações graves [2]. O relatório adverte que a continuação do aquecimento global, atingindo 1,5 °C a curto prazo, causaria um aumento inevitável de múltiplos perigos climáticos e apresentaria múltiplos riscos para os ecossistemas e os seres humanos [2]. Precisamos urgentemente de encontrar formas sustentáveis de produzir energia que nos permitam abandonar a utilização de combustíveis fósseis.

O Sol é a fonte de energia mais abundante do nosso sistema solar. No entanto, apenas 2% da nossa produção mundial de eletricidade provém atualmente da energia solar [3]. Um dos desafios tem sido o desenvolvimento de materiais que possam absorver a luz e convertê-la em energia eléctrica de uma forma altamente eficiente.

Em 2021, em conjunto com a Manager Magazin, atribuímos um dos nossos Curious Mind Researcher Awards ao Prof. Dr. Michael Saliba, da Universidade de Estugarda e do Forschungszentrum Jülich, pelo seu trabalho sobre células solares de perovskite, com o qual estabeleceu recentemente um novo recorde mundial de eficiência energética. Desde a sua descoberta em 2009, a perovskite tem vindo a ser desenvolvida a uma velocidade sem precedentes e este material é atualmente muito promissor para transformar os sectores da energia sustentável e dos semicondutores.

Uma célula solar é um dispositivo que converte a energia da luz em eletricidade através de um fenómeno conhecido como efeito fotovoltaico. A maior parte das células solares são feitas de silício e são montadas em conjunto para formar módulos fotovoltaicos ou, como mais vulgarmente os conhecemos, painéis solares.

Em 2009, foi descoberto um novo material fotovoltaico - um semicondutor chamado perovskite que inicialmente tinha uma modesta eficiência de conversão de energia (PCE) de apenas 3,8% [4] mas que, após um rápido desenvolvimento, atingiu um recorde mundial atual de PCE de 25,7% [5], um salto sem precedentes na ciência dos materiais. Este elevado desempenho tem sido atribuído às propriedades excepcionais dos materiais de perovskite, como a sua elevada absorção no espetro de luz visível. Este facto é muito promissor para células solares altamente sofisticadas, lasers ou sensores de luz miniaturizados.

Ao contrário de outros materiais semicondutores que têm de ser fabricados num ambiente puro e limpo, as perovskitas podem ser produzidas a partir de uma solução simples e barata de processamento num ambiente menos prístino e, ainda assim, produzir um semicondutor com propriedades notáveis. Por exemplo, podem ser processadas numa folha que é dobrada para produzir células solares flexíveis, leves e portáteis, permitindo novas aplicações versáteis, como células solares incorporadas no vestuário para carregar um telemóvel.

Outra vantagem é o facto de os materiais de perovskite poderem ser utilizados numa sanduíche de semicondutores, permitindo a sua utilização com uma célula solar existente. "Por exemplo, se tivermos uma célula de silício na base do semicondutor e uma célula de perovskite no topo, a perovskite utiliza a luz azul do espetro solar. Mas é transparente para a luz vermelha, enquanto a célula de silício na parte inferior é muito eficiente a transformar a luz vermelha em eletricidade. A sua utilização conjunta pode permitir que as células solares aproveitem e transformem mais luz solar em eletricidade sustentável", explica Saliba.

"A questão é: será que isto pode ser um fator de mudança que nos permita ir além da atual produção de eletricidade a partir da energia solar - para fornecer 40%, 50% ou mesmo 100% da eletricidade mundial para o nosso futuro energético sustentável? Mas para concretizar o potencial do material de perovskite, precisamos de encontrar uma forma de o estabilizar, o que tem sido um grande desafio neste domínio", afirma Saliba.

7.2. Potencial de eletrificação

As perovskitas são qualquer material composto por um catião monovalente (A), um metal divalente (M) e um anião, normalmente um halogeneto (X) - com uma fórmula AMX3. A sua forma mais simples, com catiões simples, por exemplo, tem dificuldade em atingir eficiências máximas de forma consistente.

Estes materiais são também sensíveis e podem degradar-se em contacto com a humidade, o calor - e mesmo a luz - o que está longe de ser o ideal para uma célula solar que tem de funcionar exatamente nestas condições. Especificamente, algumas formulações cristalizam numa "fase amarela" foto-inativa, não perovskite, ou numa "fase negra" perovskite foto-ativa que é sensível a solventes ou à humidade. A equipa de Saliba propôs-se ultrapassar este desafio e transformar a perovskite de uma promissora descoberta académica num material que pudesse ser realisticamente utilizado num contexto industrial.

Um dos seus principais desenvolvimentos foi uma nova composição de perovskite capaz de manter o desempenho a altas temperaturas. Num estudo, conseguiram-no utilizando uma mistura tripla de catiões, em que o césio é utilizado para além do formamidínio (FA) e do metilamónio (MA). A adição de uma pequena quantidade de césio foi suficiente para evitar a mudança do complexo para a 'fase amarela' foto-inativa e a utilização dos três catiões produziu PCEs estabilizados superiores a 21% após 250 horas em condições operacionais - incluindo flutuações de temperatura, vapores de solvente e protocolos de aquecimento [6].

Num segundo estudo, a adição de rubídio melhorou ainda mais o desempenho [7]. As células solares de perovskite revestidas com polímero contendo rubídio e césio mantiveram 95% do seu desempenho inicial a 85°C durante 500 horas sob iluminação total.

Descobrimos, através de uma seleção cuidadosa, que os metais alcalinos do primeiro grupo periódico, como o césio e o rubídio, são extremamente úteis para substituir partes dos componentes orgânicos e estabilizar todo o material a temperaturas elevadas", diz Saliba. "Mas uma segunda coisa que descobrimos é que as células solares são feitas de várias camadas que se podem influenciar negativamente umas às outras se não forem cuidadosamente concebidas." Este calcanhar de Aquiles da célula solar de perovskite deve-se a um material "transportador de buracos", uma das camadas mencionadas. Este material extrai a carga eléctrica positiva do absorvedor de luz ativo (a perovskite) e transmite-a a um elétrodo. O material mais comummente utilizado para o transportador de furos torna-se permeável a altas temperaturas. Permite que o elétrodo metálico (necessário para transportar a eletricidade) se difunda e destrua a camada de perovskite. Para evitar que isto aconteça, a equipa de Saliba concebeu molecularmente um novo material transportador de buracos e utilizou-o como camada tampão para evitar a lixiviação do metal. Este material não só protege a perovskite a altas temperaturas a longo prazo, como também se dissolve em solventes mais amigos do ambiente e custa cerca de um quinto do preço do material original [8,9].

7.3. Material de avanço rápido

"Agora que encontrámos uma forma de estabilizar as células de perovskite, o impacto potencial na indústria é tremendo", diz Saliba. "Para as centrais eléctricas de silício, por exemplo, basta acrescentar mais um elemento à linha de montagem. Isto pode aumentar a eficiência da célula solar global com um pequeno aumento do custo. Estamos a fazer uma diferença económica para a indústria, ao mesmo tempo que fazemos algo de bom para o planeta."

Outras aplicações das células solares de perovskite são também prometedoras. A capacidade de fabricar uma célula solar fina e leve, por exemplo, significa que estas células poderiam ser exportadas para países em desenvolvimento ricos em sol, onde as regiões podem beneficiar da produção autónoma de energia. Como semicondutores, as células de perovskite poderiam ser utilizadas em várias outras áreas - como discos rígidos para armazenamento ou como fotodetectores - e já estão a ser exploradas como materiais para LEDs.

"Uma coisa a compreender sobre a investigação em células solares é que ultrapassámos recentemente o limiar de 400 ppm de concentração de CO2 na atmosfera, o que significa que o relógio está a contar, o planeta está a aquecer. Temos de deixar de queimar combustíveis fósseis e fazer a transição para fontes de energia regenerativas", afirma Saliba. "Nenhum outro material avançou tão rapidamente como as perovskitas. O silício demorou mais de 40 anos a obter eficiências semelhantes. Esperamos que esta inovação sem precedentes possa ser rapidamente transposta para outras áreas também. Este tipo de tecnologia disruptiva é o que precisamos se quisermos ser capazes de atuar na próxima década."

7.4. Referências

[1]. Mertens, K. Fundamentos, tecnologia e prática da energia fotovoltaica. (2018; segunda edição) Wiley. ISBN: 9781119401049.

[2]. Painel Intergovernamental sobre as Alterações Climáticas, 2022. Alterações climáticas 2022: Impactos, Adaptação e Vulnerabilidade. Disponível em: https:// www.ipcc.ch/report/ar6/wg2/downloads/report/IPCC_AR6_WGII_Summary

[3]. https://ourworldindata.org/renewable-energy.

[4]. Kojima A, Teshima K, Shirai Y, Miyasaka T. Organometal halide perovskitas como sensibilizadores de luz visível para células fotovoltaicas. J Am Chem Soc. 2009;131(17):6050-6051.

[5]. Laboratório Nacional de Energias Renováveis, Melhores Eficiências de Investigação-Células

gráfico; https://www.nrel.gov/pv/cell-efficiency.html
[6]. Saliba M, Matsui T, Seo JY, et al. Perovskite de catião triplo contendo césio
células solares: maior estabilidade, reprodutibilidade e elevada eficiência. Energia
Environ. Sci., 2016,9, 1989-1997.
[7]. Saliba M, Matsui T, Domanski K, et al. Incorporação de catiões de rubídio
O desempenho fotovoltaico melhora nas células solares de perovskite. Ciência.
2016;354(6309):206-209.
[8]. Saliba, M., Orlandi, S., Matsui, T. et al. Um furo de engenharia molecular-
material de transporte para células solares de perovskite eficientes. Nat Energy 1, 15017
(2016).
[9]. Matsui T, Petrikyte I, Malinauskas T, Domanski K, Daskeviciene M,
Steponaitis M, Gratia P, Tress W, Correa-Baena JP, Abate A, Hagfeldt A,
Grätzel M, Nazeeruddin MK, Getautis V, Saliba M. Additive-Free
Materiais poliméricos transparentes de transporte de orifícios à base de triarilamina para
Células solares de perovskita estáveis. ChemSusChem. 2016 Sep 22;9(18):2567-257.

Capítulo (8)

Células solares de perovskite da próxima geração

8.1. O desafio

8.1.1. Estabelecer o padrão para a tecnologia de perovskite

As células solares de perovskite de película fina surgiram como um semicondutor fotoactivo barato e revolucionário na energia solar fotovoltaica de película fina (PV), com uma eficiência de conversão de energia (PCE) de 16,7%.

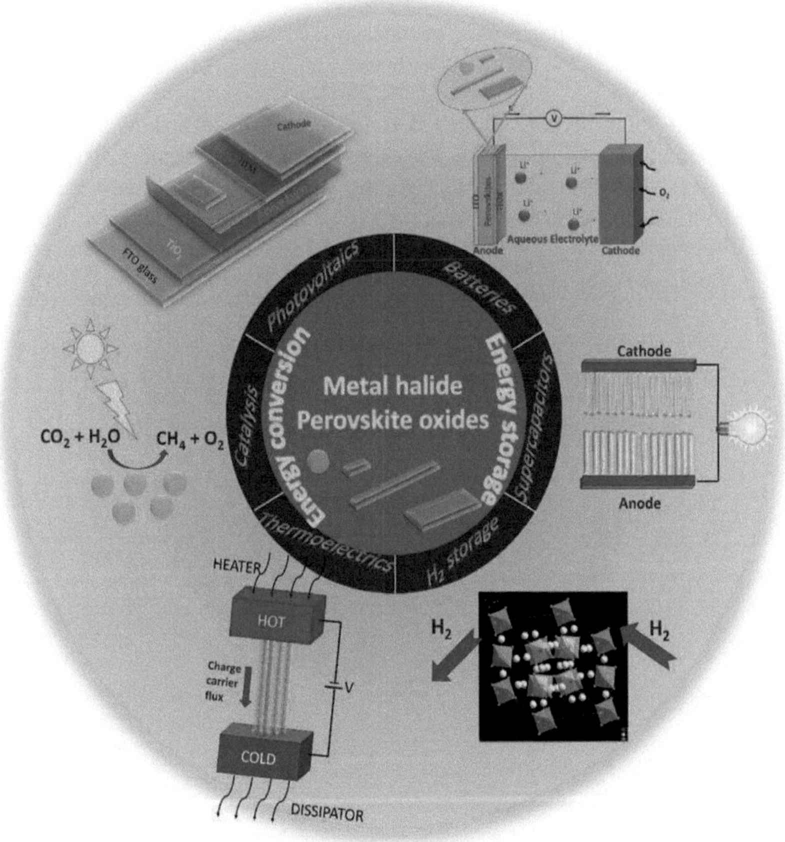

Os avanços nestes materiais oferecem uma elevada eficiência a baixo custo. A CSIRO está empenhada em prosseguir a investigação e o desenvolvimento de uma tecnologia de perovskite que seja estável, duradoura e fiável, em comparação com os painéis solares tradicionais à base de silício.

Os rápidos avanços implicam novas normas ou diretrizes internacionais para avaliar a eficiência e a adaptabilidade das células fotovoltaicas de película fina. Até à data, não existiam na Austrália oportunidades de ensaio e comercialização de células solares de perovskite.

Foi estabelecido um ponto de referência na Austrália para testar e colaborar em tecnologias solares fotovoltaicas de película fina baseadas em semicondutores de perovskite, para reduzir o custo de produção, aumentar o desempenho das células solares e melhorar a eficiência energética.

8.2. Pioneirismo na próxima geração de células solares

Esta nova geração de células solares fotovoltaicas é mais barata de produzir e menos trabalhosa do que as células solares de silício tradicionais.

Estamos a explorar novas concepções e processos para aumentar o desempenho das células solares de perovskite, incluindo novos produtos e aplicações, como a integração da energia fotovoltaica em edifícios comerciais e residenciais de alta densidade onde o espaço no telhado é limitado. Estamos também a investigar formas de tornar os materiais de perovskite compatíveis com produtos de vidro - pense em janelas que geram energia.

Como parte integrante deste processo, estamos a desenvolver orientações para avaliar o desempenho das células solares de perovskite, que ajudarão a criar novas oportunidades de mercado.

8.3. Os resultados

8.3.1. A referência para a medição e a colaboração

O laboratório de desempenho solar fotovoltaico no nosso CSIRO Energy Centre em Newcastle, NSW, é o primeiro e único laboratório no hemisfério sul a receber acreditação internacional para medir o desempenho das células solares. Apoia a investigação e o desenvolvimento de células solares de perovskite na Austrália através do ensaio de amostras de perovskite localmente, para que não seja necessário enviá-las para o estrangeiro. Isto acelera a investigação de células solares de nova geração e reduz os custos, ao mesmo tempo que garante resultados exactos de classe mundial.

O Laboratório está a trabalhar com parceiros locais e globais, incluindo membros do Australian Centre for Advanced Photovoltaics e agências de investigação internas. O nosso trabalho valida os resultados dos testes e é um exemplo importante de investigação e teste de células solares.
Faça negócios connosco para ajudar a sua organização a prosperar

Capítulo (9)
Células solares de perovskite de estanho altamente eficientes baseadas numa estratégia de reação tripla

9.1. Prefácio

Uma célula solar de perovskite à base de estanho é um tipo especial de célula solar de perovskite, baseada numa estrutura de perovskite de estanho (ASnX3, em que "A" é um catião 1+ e "X" é um anião halogéneo monovalente). Como tecnologia, as células solares de perovskite à base de estanho estão ainda em fase de investigação e são ainda menos estudadas do que a sua homóloga, as células solares de perovskite à base de chumbo. As principais vantagens das células solares de perovskite à base de estanho são o facto de não conterem chumbo. A utilização de células solares de perovskite à base de chumbo em aplicações de grande escala [1, 2] suscita preocupações de carácter ambiental; uma dessas preocupações é o facto de o material ser solúvel na água e o chumbo ser altamente tóxico, pelo que qualquer contaminação provocada por células solares danificadas poderia causar graves problemas de saúde e ambientais [3, 4].

A eficiência máxima das células solares registada é de 18,71% para o iodeto de metilamónio e estanho (CH3NH3SnI3) [5], 5,73% para o CH3NH3SnIBr2 [6], 3% para o CsSnI3 (5,03% em pontos quânticos) [5] e 9% para o formamidínio triiodeto de formamidínio (CH(NH2)2SnI3) [7, 8]. O triiodeto de formamidínio e estanho, em particular, pode ser promissor porque, aplicado como película fina, parece ter potencial para exceder o limite de Shockley-Queisser, permitindo a captura de electrões a quente, o que poderia aumentar consideravelmente a eficiência [9].

O triiodeto de metilamónio e estanho (CH3NH3SnI3) tem um intervalo de banda de 1,2-1,3 eV, enquanto o triiodeto de formamidínio e estanho tem um intervalo de banda de 1,4 eV.

9.2. Auto-dopagem

O principal obstáculo à viabilidade das células solares de perovskite de estanho é a instabilidade do estado de oxidação 2+ do estanho (Sn2+), que é facilmente oxidado para o mais estável Sn4+ [10]. Na investigação sobre células solares, este processo é designado por auto-dopagem [11], porque o Sn4+ actua como um dopante p e reduz a eficiência da célula solar. Os defeitos de vacância que promovem este processo são objeto de investigação ativa; a sabedoria popular sustenta que o processo requer vacâncias de estanho, mas no CsSnI3, os principais contribuintes para os buracos são, em vez disso, vacâncias de Cs [12]. Em geral, a redução das vacâncias de estanho continua a ser ideal, porque estas impedem o movimento dos portadores de carga e diminuem a eficiência [13].

Foram exploradas várias técnicas como forma de contrariar a auto-dopagem das perovskitas à base de Sn. Um dos métodos consiste em selar as células com polímeros, como o poli (metacrilato de metilo), para que não fiquem expostas ao oxigénio [14]. Em alternativa, acredita-se que o aumento do tamanho do componente orgânico barre geometricamente a difusão do oxigénio [15]. No entanto, estas técnicas não neutralizam os iões Sn4+ formados durante a síntese celular. Esses iões podem ser com um ligando quelante, por exemplo de formamidíniocloreto o complexo de coordenação de estanho pode então ser removido com um calor suave (<60 °C). Desde que a temperatura para vaporizar o complexo seja inferior àquela a que a perovskite perde massa, a película de perovskite permanecerá intacta após esta etapa de processamento, exceto no que diz respeito aos iões Sn(IV) removidos [16].
Outra opção é adicionar agentes redutores como ânodos de sacrifício: estes podem ser tão variados como o maltol, o ácido gálico ou a hidrazina [17, 18]. Os redutores à base de estanho, como o elemento puro ou os halogenetos estanhosos, também actuam como fonte de estanho, preenchendo os vazios de Sn [18]. Finalmente, o recozimento das películas de perovskite durante a deposição também reduz a auto-dopagem [19].

9.3. Perovskite de estanho

A perovskite de estanho está a tornar-se a perovskite sem chumbo mais promissora para aplicações fotovoltaicas. No entanto, a cinética incontrolável do crescimento dos cristais leva a uma má qualidade dos mesmos, com uma má orientação e uma grande densidade de defeitos. Neste trabalho, explorámos o acetato de formamidina (FAAc) e o iodeto de amónio (NH4I) para substituir o iodeto de formamidínio (FAI) geralmente utilizado no crescimento de uma película de perovskite de estanho. Este método de reagente triplo (FAAc + NH4I + SnI2) prolonga o caminho da reação para o crescimento da película de perovskite de estanho. Impede o crescimento de uma estrutura tridimensional (3D) de perovskite à temperatura ambiente, ao mesmo tempo que tem menos impacto no crescimento de uma estrutura de baixa dimensão. Como resultado, a estrutura de baixa dimensão formada à temperatura ambiente serve como estrutura de semente para o crescimento da estrutura 3D no recozimento subsequente. A película de perovskite de estanho cultivada utilizando esta fonte de reactância tripla apresenta, por conseguinte, uma orientação melhorada e longos tempos de vida dos portadores, o que conduz a uma eficiência de 14,6% para as células solares de perovskite de estanho.

- Detalhes experimentais; espectros XPS Sn 3d de películas de perovskite; espectros de RMN de 119Sn; imagem ótica de película de perovskite de estanho encapsulada e resumo dos parâmetros de ajuste bi-exponencial obtidos a partir de ajustes aos dados de foto-luminescência de películas finas de perovskite.

- A mudança de cor do TRS-3D é muito mais lenta do que a do DRS-3D após a adição do anti-solvente (Vídeo 1) (MP4).

- Reação entre diferentes componentes em soluções através da queda de precursores no anti-solvente (Vídeo 2) (MP4).

- A mudança de cor para TRS-PS é muito mais lenta do que para DRS-PS (Vídeo 3)
(MP4).

9.4. Fabrico de tecnologia de células solares energeticamente eficientes

As interações entre os componentes da estrutura do perovskite determinam o intervalo de energia que este pode atingir. Ajustar a proporção destes componentes ou encontrar um substituto direto pode ajudar a modificar a gama de energia do perovskite. No entanto, a investigação anterior ainda não produziu uma receita de perovskite com uma gama de energia ultra-ampla e elevada eficiência [24].

Num trabalho recentemente publicado, a equipa da NUS experimentou o cianato, um novo pseudohalogeneto, como substituto do brometo - um ião do grupo dos halogenetos que é habitualmente utilizado nas perovskitas. O Dr. Liu Shunchang, investigador da equipa do Prof. Hou, utilizou vários métodos analíticos para confirmar a integração bem sucedida do cianato na estrutura da perovskite e fabricou uma célula solar de perovskite com cianato e intérprete.

Uma análise mais aprofundada da estrutura atómica da nova perovskite forneceu - pela primeira vez - provas experimentais de que a incorporação de cianato ajudou a estabilizar a sua estrutura e a formar interações fundamentais no interior da perovskite, demonstrando como esta é um substituto viável dos halogenetos nas células solares à base de perovskite.

Ao avaliar o desempenho, os cientistas da NUS descobriram que as células solares de perovskite incorporadas com cianato podem atingir uma tensão mais elevada de 1,422 volts, emcomparação com 1,357 volts para as células solares de perovskite convencionais, com uma redução significativa da perda de energia.

Os investigadores também testaram a célula solar de perovskite recentemente concebida, fazendo-a funcionar continuamente à potência máxima durante 300 horas em condições controladas. Após o período de teste, a célula solar manteve-se estável e funcionou acima dos 96% de capacidade.

Encorajada pelo desempenho impressionante das células solares de perovskite integradas com cianato, a equipa da NUS levou a sua descoberta inovadora para o passo seguinte, utilizando-a para montar uma célula solar em tandem de perovskite/Si de junção tripla. Os investigadores empilharam uma célula solar de perovskite e uma célula solar de silício para criar uma meia-célula de junção dupla, proporcionando uma base ideal para a fixação da célula solar de perovskite integrada com cianato.

Uma vez montada, os investigadores demonstraram que, apesar da complexidade da estrutura da célula solar em tandem de perovskite/Si de junção tripla, esta permaneceu estável e atingiu uma eficiência recorde mundial certificada de 27,1% por um laboratório independente de calibração fotovoltaica acreditado.

"Coletivamente, estes avanços oferecem conhecimentos inovadores sobre a perda de energia de mitigação nas células solares de perovskite e definem um novo rumo para o desenvolvimento da tecnologia solar de junção tripla baseada em perovskite".

9.5. Próximos passos

A eficiência teórica das células solares em tandem de perovskite/Si de junção tripla excede os 50%, apresentando um potencial significativo para melhorias adicionais, especialmente em aplicações em que o espaço de instalação é limitado.

No futuro, a equipa da NUS pretende alargar esta tecnologia a módulos maiores sem comprometer a eficiência e a estabilidade. A investigação futura centrar-se-á nas inervações nas interfaces e na composição da perovskite - estas são áreas-chave identificadas pela equipa para fazer avançar esta tecnologia.

9.6. Referências

[1]. Espinosa, N., et al., "Solution and vapour deposited lead perovskite solar células: Ecotoxicidade numa perspetiva de avaliação do ciclo de vida". Energia Solar
Materiais e Células Solares, 2015. 137: pp. 303-310.
[2]. Zhang, J., et al., "Life Cycle Assessment of Titania Perovskite Solar Cell

Tecnologia para uma conceção e fabrico sustentáveis". ChemSusChem, 2015. 8(22): pp. 3882-3891.

[3]. Benmessaoud, I.R., et al., "Health hazards of methylammonium lead iodide perovskites: estudos de citotoxicidade". Toxicology Research, 2016.

[4]. Babayigit, A., et al., "Assessing the toxicity of Pb-and Sn-based perovskite células solares no organismo modelo Danio rerio". Scientific Reports, 2016. 6: p. 18721.

[5]. Desenvolvimento de materiais de perovskite à base de estanho para aplicações em células solares: EBSCOhost. https://web-s-ebsc.turing.library.northwestern.edu/ehost/pdfv. Acedido em 15 de outubro de 2022.

[6]. Hao, F., et al., "Lead-free solid-state organic-inorganic halide perovskite células solares". Nature Photonics, 2014. 8(6): pp. 489-494.

[7]. Shuyan Shao, Jian Liu, Giuseppe Portale, Hong-Hua Fang, Graeme R. Blake, Gert H. ten Brink, L. Jan Anton Koster, Maria Antonietta Loi (2018). "PV de perovskita híbrida à base de Sn altamente reproduzível com 9% de eficiência". Materiais energéticos avançados. 8 (4): 1702019. doi:10.1002/aenm.201702019.

[8]. Efat Jokar, Cheng-Hsun Chien, Cheng-Min Tsai, Amir Fathi e Eric Wei-Guang Diau, "Células solares robustas de perovskite à base de estanho com Catiões orgânicos para atingir uma eficiência próxima de 10%" Adv. Mat. 1804835 (2018)doi:10.1002/adma.201804835.

[9]. Fang, Hong-Hua; Adjokatse, Sampson; Shao, Shuyan; Even, Jacky; Loi, Maria Antonietta (16 de janeiro de 2018). "Emissão de luz de portadora quente de longa duração e grandes perovskitas de triiodeto de estanho". Nature Communications. 9 (243): 243.

[10]. Lee, S.J., et al., "Fabrication of Efficient Formamidinium Tin Iodide Perovskite Solar Cells through SnF2-Pyrazine Complex". Jornal do Sociedade Americana de Química, 2016.14.

[11]. Takahashi, Y., et al., "Charge-transport in tin-iodide perovskite CH3NH3SnI3: origem da alta condutividade". Dalton Transactions, 2011. 40(20): pp. 5563-p-5568.

[12]. Zhang, Jiajia, e Yu Zhong. "Origens da dopagem P e da não radiatividade Recombinação em CsSnI 3". Angewandte Chemie, vol. 134, no. 44, Nov.

2022. DOI.org (Crossref), https://doi.org/10.1002/ange.202212002.
[13]. Chang, Bohong, et al. "Efficient Bulk Defect Suppression Strategy in FASnI3 Perovskite for Photovoltaic Performance Enhancement". Avançado Functional Materials, vol. 32, no. 12, Mar. 2022, p. 2107710. onlinelibrary-wiley-com.turing.library.northwestern.edu (Atypon), https://doi.org/10.1002/adfm.202107710.
[14]. Yin, Yongqi, et al. "Stable and Efficient Tin-Based Perovskite Solar Cell via Estrutura semicondutora-isolante". ACS Applied Energy Materials, vol. 3, no. 11, Nov. 2020, pp. 10447-52. DOI.org (Crossref), https://doi.org/10.1021/acsaem.0c01422.
[15]. Lanzetta, Luis, et al. "Perovskitas bidimensionais de halogeneto de estanho orgânico com emissão visível sintonizável e sua utilização em dispositivos emissores de luz". ACS Energy Letters, vol. 2, n.º 7, julho de 2017, pp. 1662 68, https://doi.org/10.1021/acsenergylett.7b00414.
[16]. Zhou, Jianheng, et al. "Chemo-Thermal Surface Dedoping for High-Performance Tin Perovskite Solar Cells". Matter, vol. 5, no. 2, Fev. 2022, pp. 683-93. DOI.org (Crossref), https://doi.org/10.1016/j.matt.2021.12.013.
[17]. Hu, Shuaifeng, et al. "Filmes mistos de perovskita de chumbo-estanho com >7 Ms de carga Tempos de Vida do Portador Realizados pelo Pós-tratamento com Maltol". Ciência Química, vol. 12, no. 40, 2021, pp. 13513-19, https://doi.org/10.1039/D1SC04221A.
[18]. Cao, Jiupeng e Feng Yan. "Recent Progress in Tin-Based Perovskite Solar Cells". Energy & Environmental Science, vol. 14, no. 3, 2021, pp. 1286–325, https://doi.org/10.1039/D0EE04007J.
[19]. Mu, Haichuan, et al. "Effects of In-Situ Annealing on the Desempenho de eletroluminescência da luz de perovskite à base de Sn Emitting Diodes Prepared by Thermal Evaporation". Journal of Luminescence, vol. 226, Out. 2020, p. 117493. ScienceDirect, https://doi.org/10.1016/j.jlumin.2020.117493.
[20]. Yali Chen, Yu Tong, Feng Yang, Tianxiang Li, Wan Li, Heng Qi, Ziyong Kang, Hongqiang Wang, Kun Wang. Modulando a Nucleação e o Cristal Crescimento de Películas de Perovskite de Estanho para Células Solares Eficientes. Nano Cartas 2024, 24 (18)5460-5466.

https://doi.org/10.1021/acs.nanolett.4c00474
[21]. Jie Xu, Luigi Angelo Castriotta, Aldo Di Carlo, Thomas M. Brown. Ar-Células solares estáveis sem chumbo inspiradas em perovskite à base de antimónio e
Módulos. ACS Energy Letters 2024, 9 (2), 671 678.
https://doi.org/10.1021/acsenergylett.3c02409
[22]. Yixuan Wu, Guoxing Ren, Weidong Lin, Liangang Xiao, Xuanhan Wu, Chongqing Yang, Miao Qi, Zhenyu Luo, Wei Zhang, Yi Liu, Yonggang Min. O efeito sinérgico dos aditivos para a produção de produtos à base de formamidínio
Células solares de perovskite 2D Dion-Jacobson invertidas com Desempenho fotovoltaico. ACS Applied Materials & Interfaces 2023, 15 (50), 58286-58295.
https://doi.org/10.1021/acsami.3c11114
[23]. Wiktor Żuraw, Felipe Andres Vinocour Pacheco, Jesús Sánchez-Diaz, Łukasz Przypis, Mario Alejandro Mejia Escobar, Samy Almosni, Giovanni
Vescio, Juan P. Martínez-Pastor, Blas Garrido, Robert Kudrawiec, Iván Mora-Seró, Senol Öz. Sistema solar de perovskite Sn sem chumbo, flexível e de grande área
Módulos. ACS Energy Letters 2023, 8 (11), 4885-4887. https://doi.org/10.1021/acsenergylett.3c02066
[24]. Shunchang Liu, Yue L, Cao Yu, Jia Li, Ran Luo, Renjun Guo, Haoming Liang, Xiangkun Jia, Xiao Guo, Yu-Duan Wang, Qilin Zhou, Xi Wang, Shaofei Yang, Manling Sui, Peter Müller-Buschbaum, Yi Hou. Triplo células solares de junção com cianato em perovskitas de ultrawide bandgap. Natureza,
2024; DOI: 10.1038/s41586-024-07226-1

Capítulo (10)
Fabrico de células solares de perovskite

10.1. Fabricar células solares OLED e OPV: Guia de início rápido

As células fotovoltaicas orgânicas (OPV) ou os díodos orgânicos emissores de luz (OLED) podem ser facilmente fabricados utilizando os substratos ITO pré-padronizados da Ossila e alguns passos simples de revestimento por rotação e evaporação.

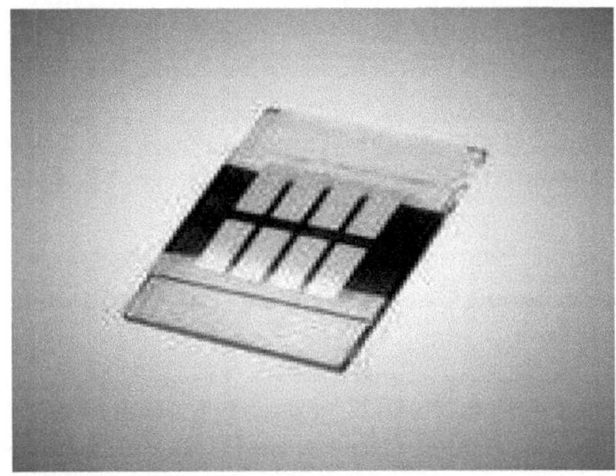

A molhagem da superfície ocorre quando uma gota se espalha sobre uma superfície, de tal forma que o seu ângulo de contacto é inferior a 90°. Quando a gota se espalha completamente, este ângulo será de 0° e terá ocorrido uma "molhagem completa".

10.2. Revestimento por rotação: Guia completo de teoria e técnicas

O revestimento por centrifugação é uma técnica comum para aplicar películas finas a substratos. Quando uma solução de um material e um solvente é rodada a alta velocidade, a força centrípeta e a tensão superficial do líquido criam uma cobertura uniforme.

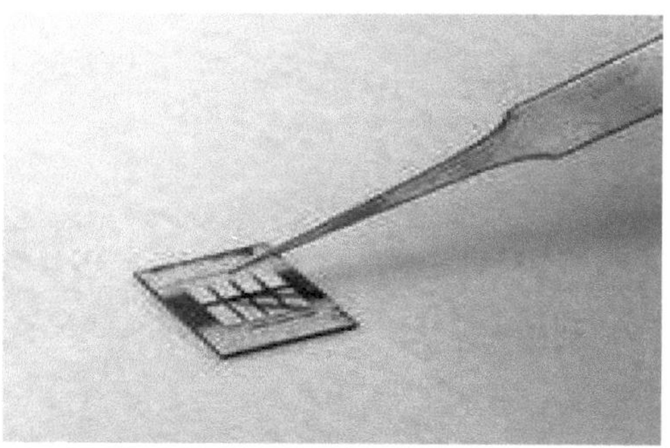

10.3. Guia de **fabrico de OPV e OLED**

Os substratos ITO pré-padronizados da Ossila são utilizados para uma grande variedade de dispositivos de ensino e investigação (tanto orgânicos como inorgânicos) em que é necessária uma superfície ITO de alta qualidade.

10.4. Guia definitivo para a produção de células solares de perovskita

Nos últimos 10 anos, as células solares de perovskite (PSC) atingiram eficiências recorde de 25,5% nas células solares de junção simples (a partir de 20211) e estas eficiências estão a aumentar de forma impressionante.

10.5. Fabrico de perovskite

Este guia descreve a nossa rotina de fabrico recomendada para células solares de perovskite utilizando a tinta precursora de perovskite Ossila I101, que foi concebida para ser utilizada com um ânodo inferior de ITO/PEDOT:PSS e um cátodo superior de PC70BM/Ca/Al.

10.6. Guia para criar dispositivos eficientes de perovskite processados a ar

Muitos vídeos fornecem um guia para o fabrico de dispositivos eficientes de perovskite processados a ar.

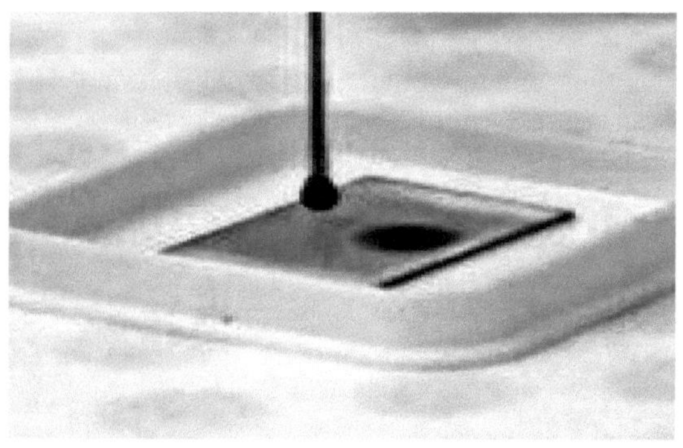

10.7. CNTs em células solares de perovskite

As células solares de perovskite são um novo tipo de dispositivo que foi fabricado pela primeira vez em 2009 e várias estruturas foram relatadas. Os excitões são criados após a absorção de luz no material de perovskite, que é depois separado em buracos e electrões para serem recolhidos no elétrodo metálico e no elétrodo de vidro revestido a FTO, respetivamente. Existem duas formas possíveis de separar os excitões, quer por energia térmica no material de perovskite, quer na interface entre o material de perovskite e o TiO2 ou o material de transporte de buracos. Os TCFs feitos de CNTs têm sido utilizados em células solares de perovskite para substituir o dispendioso elétrodo metálico (geralmente Au) no fabrico de células solares de perovskite. Em todos os casos, a rede de CNT faz parte do lado de recolha de furos da célula. A eficiência melhorou de 5,14% para 6,87% após a substituição do Au por CNT, porque os filmes de CNT podem fornecer uma força motriz mais forte para a injeção de buracos de acordo com o alinhamento das bandas. A escassez da rede de CNT permite que o dispositivo seja iluminado de ambos os lados, o que torna possível a aplicação de células solares como uma janela.

Ao adicionar spiro-OMeTAD (substâncias transportadoras de buracos), o desempenho dos dispositivos melhorou ainda mais para 9,9%. Embora o PCE deste dispositivo não seja tão elevado como o de outras publicações, mostra o potencial para obter uma célula solar de perovskite semitransparente e flexível sem o processo de deposição de Au, que consome muita energia. Além disso, actuando como camada de transporte de orifícios com poli(3-hexiltiofeno) (P3HT), verificou-se que os SWCNTs funcionalizados com poli(metilmetacrilato) (PMMA) melhoravam significativamente a estabilidade térmica devido à sua melhor estabilidade em comparação com a camada orgânica de transporte de orifícios.

Uma película de SWNCT parcialmente funcionalizada foi utilizada como elétrodo condutor transparente frontal em vez do elétrodo de ITO em células solares de perovskite. A estrutura do dispositivo fabricado era de vidro ou PET/SWCNTs/PEDOT: PSS/ CH3NH3PbI3/ PC61BM/Al, em que a película de SWCNT actuou como camada de bloqueio de electrões. A célula solar de perovskite planar de heterojunção plana baseada em eléctrodos de SWCNT condutores transparentes alcançou um PCE de 6,32%, que é 70% de um dispositivo baseado em ITO (9,05%). Uma célula solar de perovskite flexível fabricada com SWCNT num substrato PET apresentou um PCE promissor (5,38%).

As principais vantagens da aplicação de CNTs em dispositivos de perovskite incluem processos de fabrico e materiais baratos e o potencial de aplicação de iluminação bilateral.

10.8. Célula solar avançada de perovskite

As PVSCs têm recebido muita atenção do meio académico e da indústria devido ao seu baixo custo de material, elevado coeficiente de absorção, elevada mobilidade de portadores e elevada eficiência de conversão. Em 2009, um material de perovskite foi introduzido pela primeira vez nas células solares, e as células solares com este tipo de material apresentaram uma eficiência de conversão de 3,9%. Nas últimas décadas, foram envidados grandes esforços para otimizar as camadas de transporte de portadores, as camadas de calcogenetos e as questões de interface para melhorar a eficiência de conversão das PVSC, atingindo o atual recorde mundial de 26,4%. Os principais desafios para melhorar a eficiência de conversão das PVSC são o baixo intervalo de banda (1,55 eV) do material de perovskite normalmente utilizado e a resposta espetral estreita, inferior a 800 nm. Para diminuir a termização e as perdas de fotões não absorvidos para uma maior eficiência de conversão, a incorporação de materiais luminescentes UC dopados com lantanídeos em camadas activas ou de transporte de electrões/buracos como conversores em PVSCs tem sido reconhecida como uma estratégia eficaz porque os materiais UC podem preferencialmente colher fotões solares NIR, seguidos da absorção de fotões de alta energia emitidos para gerar fotocorrente extra.

Foram utilizados materiais luminescentes monodispersos β-NaYF4:Yb3+/Er3+ UC como camada mesoporosa de transporte de electrões em PVSCs CH3NH3PbI3, e a eficiência da célula foi melhorada para 17,8%. As nanopartículas de β-NaYF4:Yb3+/Er3+ foram criadas utilizando um copolímero di-bloco *PAA-b-PEO*, concebido como um nano-reator. O intervalo entre as nanopartículas UC e a espessura da camada mesoporosa influenciaram grandemente as propriedades das PVSCs. Quando o tamanho médio dos poros do nano-material UC aumenta para 30,5 nm, a eficiência da bateria aumenta de 10,5% para 14,2%.

O espaço entre as partículas grandes é favorável à penetração da perovskite, à absorção de fotões e ao transporte de portadores no elétrodo mesoporoso. Quando a espessura da camada mesoporosa do nano-material UC atingiu cerca de 150 nm, a eficiência do dispositivo atingiu 18,1%. Devido às propriedades isolantes das nanopartículas de β-NaYF4:Yb3+/Er3+, quando a espessura da camada mesoporosa dos nanomateriais UC ultrapassou os 150 nm, a resistência da célula aumentou e, consequentemente, a eficiência diminuiu. Posteriormente, foram utilizados nano-prismas hexagonais de β-NaYF4:Yb3+/Er3+ como camada mesoporosa de UC para PVSCs. Devido à geração de fotocorrente adicional através do processo de UC de fotões NIR, a PVSC com nano-prismas β-NaYF4:Yb3+/Er3+ apresentou uma eficiência superior de 15,98%.

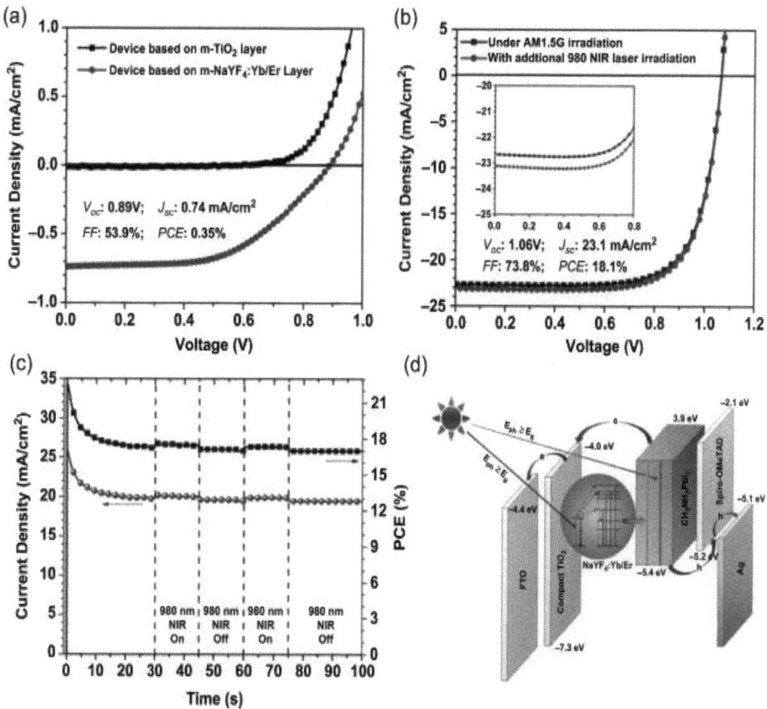

Current density-voltage characteristics of CH3NH3PbI3 solar cells under 900 nm NIR laser light (a), and (b) the highest efficiencies under AM1.5G standard sunlight and an additional 890 nm NIR laser, (c) the photo-densidade de corrente e a correspondente eficiência das células capita-

lização em eléctrodos mesoporosos de NaYF:Yb3+/Er3+ da energia processo de transferência na célula solar CH3NH3bI3 utilizando Eléctrodos de mesoporos NaYF4:Yb3+/Er3+ [1].

No entanto, o efeito de atenuação da concentração ocorre quando a concentração de dopagem do elemento lantanídeo é demasiado elevada, o que não favorece a luminescência da UC e limita a melhoria da eficiência da célula. Foi relatado um tipo de material de UC de energia de fotões, ou seja, nanopartículas semicondutoras de mCu2-xS@SiO2@ Er2O3 (mCSE) sensibilizadas por plasmon, para obter uma UC de energia de fotões mais eficiente em PVSCs. Como se mostra na Fig. 10.36, as nanopartículas mCSE com estruturas de núcleo-casca foram dispersas em TiO2 mesoporoso para PVSCs. A estrutura núcleo-casca pode reduzir significativamente o processo de supressão da concentração causado por uma elevada concentração de dopagem.

Devido à ressonância plasmónica de superfície local do *mCu2-xS*, o mCSE apresentou um limiar de potência mais baixo e uma absorção espetral mais ampla do que os materiais UC normais. Verificou-se que, quando a concentração foi fixada em 5%, a eficiência da bateria foi 17,8% superior à da bateria sem mCSE (16,2%). Os nanomateriais UC NaYF4:Yb3+/Tm3+@TiO2 core-shell foram incorporados na camada mesoporosa de TiO2 das PVSCs. A célula com os nanomateriais UC core-shell apresentou uma eficiência elevada de 16,27%, que foi aproximadamente 16,38% superior à da célula sem nanomateriais UC core-shell (13,98%). Estes nanomateriais UC com núcleo de concha podem não só desempenhar o papel de conversão de fotões, mas também servir de centro de dispersão da luz para melhorar a captação da luz.

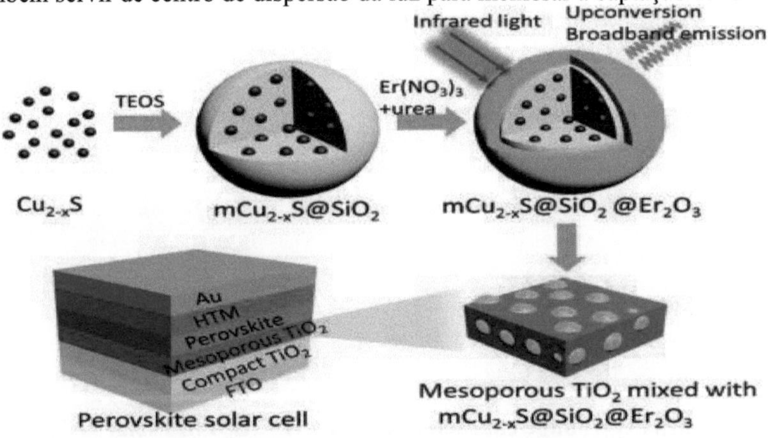

Processo de fabrico de nanocompósitos de mCSE e respectivos aplicações em PVSCs [2].

10.9. Influência das nanoestruturas nas células solares de perovskite

Um PSC arquetípico é composto por uma camada compacta do tipo n, uma camada de óxido mesoporoso, uma camada de perovskite que recolhe a luz, uma camada de transporte de buracos e dois eléctrodos. A estrutura genérica de um PSC é a mostrada na figura e as diferentes são depositadas conforme indicado passo a passo [3].

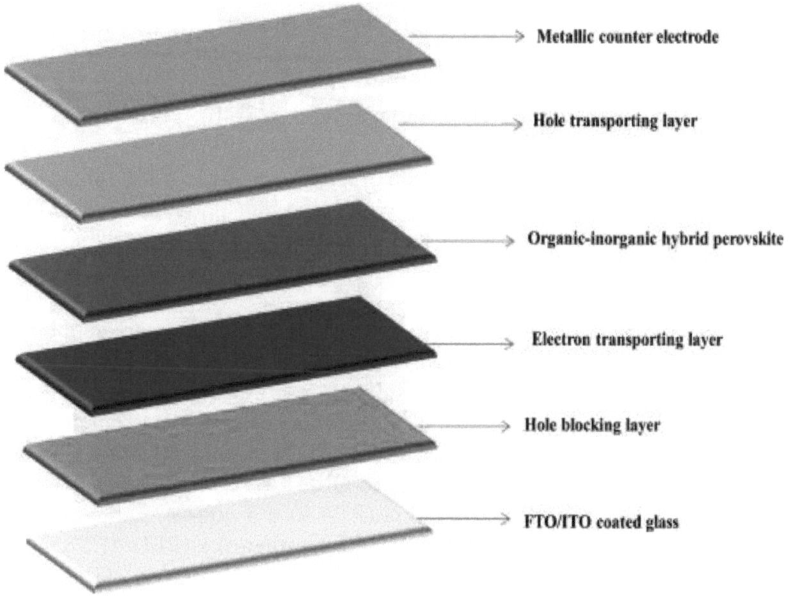

Metallic counter electrode

Hole transporting layer

Organic-inorganic hybrid perovskite

Electron transporting layer

Hole blocking layer

FTO/ITO coated glass

Estrutura genérica das células solares de perovskite.

- **Etapa 1:** O vidro revestido com óxido de estanho dopado com flúor (FTO)/óxido de estanho dopado com índio (ITO) actua como substrato para o fotoanodo do dispositivo de perovskite.

- **Etapa 2:** Por cima desta, existe uma camada densa de material semicondutor, principalmente TiO2, que funciona como camada de bloqueio de orifícios ou camada compacta, depositada geralmente por spin-coating ou spray-coating no topo do substrato FTO. Esta camada impede que os orifícios extraídos pela camada selectiva de electrões acima entrem em contacto com o vidro FTO/ITO e inibe as perdas por recombinação.

- **Etapa 3:** Segue-se o ETL, que facilita a difusão dos electrões da camada de perovskite fotoexcitada para o vidro FTO/ITO e, assim, para o circuito externo. Os materiais mais frequentemente utilizados como ETL são a titânia (TiO2), o óxido de estanho (SnO2), o óxido de zinco (ZnO) e o óxido de níquel (NiO). Os materiais à base de carbono, como o grafeno, GO, RGO, CNT, GQD e o éster metílico do ácido (6, 6)-fenil C61-butírico (PCBM), também estão a ser utilizados de forma adequada para operações de transporte de electrões em PSC *(Wang* et al.*, 2013; Li* et al.*,* 2014a; Yeo *et al.*, 2015; Habisreutinger *et al.*, 2014b).

- **Etapa 4:** A camada de perovskite, que pode atuar como sensibilizador ou absorvente ou como transportador de electrões ou buracos, embora a sua função principal seja a de sensibilizador, é revestida por rotação sobre a camada transportadora de electrões.

- **Etapa 5:** Adjacente à camada de perovskite encontra-se a camada de transporte de orifícios (HTL), que permite que os orifícios da perovskite excitada se desloquem em direção ao cátodo metálico para extração. Os transportadores de orifícios habitualmente utilizados são o 2, 2', 7, 7'-tetraquis (N, N-di-p-metoxi fenilamina)-9, 9'-espirobifluoreno (espiro-OMeTAD), o poli-3-hexil tiofeno (P3HT), a poli-triaril amina (PTAA) e o poli-(2, 3-dihidrotieno-1, 4-dioxina)-poli (sulfonato de estireno) (PEDOT/PSS). As nanoestruturas carbonadas de grafeno, GO e CNTs estão atualmente a ser utilizadas para substituir os HTMs acima referidos, caros e propensos à degradação.

- **Passo 6:** Finalmente, existe uma camada de contacto metálica que é normalmente depositada por vaporização térmica no topo da célula solar para funcionar como contra-elétrodo, também conhecido como contacto posterior. Esta camada é normalmente constituída por qualquer metal nobre, como o Au ou o Ag, frequentemente o Al. Mas estes cátodos de metais nobres requerem sinterização a alta temperatura e deposição de vapor como parte essencial do fabrico, aumentando assim o custo de produção. O carbono, os CNT e o grafeno são frequentemente utilizados para contornar as técnicas dispendiosas e fabricar um contra-elétrodo transparente.

10.10. Referências

[1]. M. He, et al. (2016) Conversão ascendente monodispersa e de dupla função
nanopartículas activadas por perovskite de halogeneto de organo-lítio no infravermelho próximo
células. Angew. Chemical Int. Ed. 55 (2016)- 4280.

[2]. D. Zhou, et al. (2017). Banda larga sensibilizada por Plasmon semicondutor
upconversion e o seu efeito de melhoria na conversão de energia
eficiência. J. Mater. Chem. A 5 (2017).

[3]. P. Ghosh, ... S. Krishnamurthy, em Módulo de Referência em Ciência dos Materiais
e Engenharia de Materiais , 2016

Capítulo (11)

Células de perovskite dopadas

11.1. Fósforos activados por terras raras para células solares energeticamente eficientes

Embora a eficiência das células solares de perovskite e sensibilizadas por corantes seja ainda inferior ao nível de desempenho das células solares de silício, que estão em ascensão no mercado, nos últimos anos, estas células têm suscitado um interesse notável devido ao facto de não necessitarem de esforço de fabrico, utilizando materiais de baixo custo, e, a partir de agora, são consideradas como uma potencial substituição dos dispositivos fotovoltaicos comerciais. No entanto, as células solares de terceira geração têm uma absorção significativa na região visível do espetro solar, o que limita a sua eficiência de conversão de energia. Consequentemente, o desempenho dos actuais sistemas fotovoltaicos é consideravelmente prejudicado pela perda de transmissão de fotões sub-ban-dgap. Para ultrapassar estas preocupações, os materiais luminescentes activados por terras raras são a via encorajadora seguida para converter estes fotões sub-bandgap transmitidos em luz acima do gap da banda, onde as células solares têm normalmente efeitos significativos de dispersão da luz [1].

Além disso, os materiais de conversão descendente/ascendente à base de terras raras facilitam a melhoria da sensibilização, da dispersão da luz e da estabilidade destes dispositivos. Este capítulo dá uma ideia sobre uma abordagem à aplicação de vários materiais de down/up-conversion para aplicações de células solares sensibilizadas por corantes e perovskite. Além disso, o capítulo aborda em pormenor as técnicas para melhorar o desempenho fotovoltaico em termos de densidade de corrente e fotovoltagem.

11.2. Triazóis em células solares

Ao longo da última década, a atenção foi desviada para as células solares de perovskite de halogenetos de metaisorgânicos devido à sua fácil disponibilidade através de uma técnica de processamento em solução e ao facto de apresentarem também um PCE superior a 18%. Nos últimos anos, as propriedades fotovoltaicas das células solares de perovskite foram grandemente influenciadas pela introdução de novos materiais transportadores do hospedeiro (HTMs) em vez das estruturas convencionais de perovskite híbrida orgânico-inorgânica com intervalo de banda.23 Foram desenvolvidos e utilizados vários HTMs para o fabrico de células de perovskite com PCEs superiores a 15%. No entanto, o elevado custo de produção dos HTMs restringiu a sua aplicação a uma escala maior. A triazina, com a sua natureza deficiente em electrões, estabilizou os dispositivos através do controlo da formação de aniões radicais durante a irradiação da luz [2].

As estruturas dador-acetor melhoram o transporte de buracos através de uma maior transferência de carga intramolecular, estabilizando assim os electrões e os buracos dissociados dos excitões.24 Choi *et al.* desenvolveram novos HTMs utilizando dois derivados de trifenilamina ricos em electrões e o triazol como estrutura central (Figura 8).25 Incorporaram dois braços laterais difenilamino ricos em electrões através de pontes de tiofeno ou de ligação direta para preparar TAZ-[MeOTPATh]2 e TAZ-[MeOPTA]2. Estes novos HTMs com estruturas D-A mostraram ICT efetivo e PCE elevado de 10,9 e 14,4%, respetivamente, representando um desempenho fotovoltaico altamente eficiente em células baseadas em Perovskite. Assim, os HTMs preparados revelaram-se alternativas altamente eficientes e económicas para o desenvolvimento de células solares de perovskite.

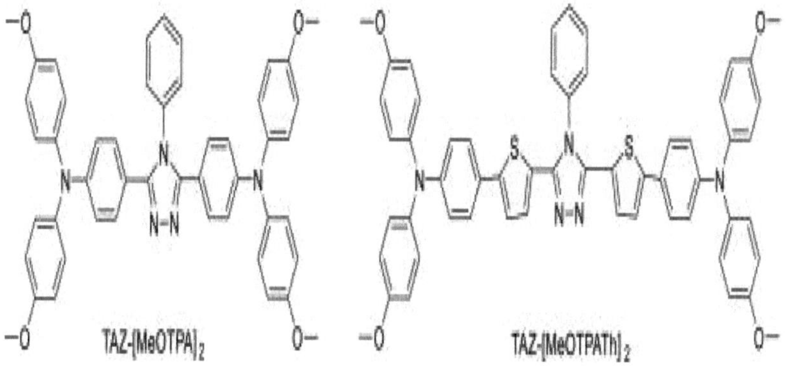

Novos materiais de transporte de buracos contendo triazóis.

Nanofios Semicondutores II: Propriedades e Aplicações [3].

11.3. Célula solar de perovskite organohalogenada

A perovskite organohalogenada está a emergir como um sistema fotovoltaico de terceira geração muito promissor [4]. A eficiência verificada da célula solar de perovskite foi recentemente aumentada para 17,9% (Figura), que é o valor mais elevado de todos os sistemas fotovoltaicos de terceira geração. Este desempenho extraordinário deve-se principalmente às extraordinárias propriedades ópticas e eléctricas do perovskite organohalogenado. O seu intervalo de banda direto de 1,55 eV fixa o limiar de absorção em 800 nm, cobrindo assim todo o regime da luz visível. Os excitões fotogerados têm uma pequena energia de ligação (cerca de 30 meV), o que significa que os portadores livres são facilmente criados à temperatura ambiente. Estes portadores livres possuem uma elevada mobilidade de portadores (7,5 cm2 V- 1 S- 1 para os electrões e 12,5 cm2 V- 1 S- 1 para os buracos) e um longo comprimento de difusão de carga que varia entre 100 e 1000 nm [5]. Recentemente, foi relatado um cristal único de CH3NH3PbI3 à escala milimétrica e o correspondente comprimento de difusão eletrão-buraco atingiu um valor elevado sem precedentes de 175 µm. A figura representa os dois protótipos de células solares de perovskite, ou seja, a configuração planar e a configuração mesoscópica baseada em óxidos. Embora ambas as estruturas de dispositivos sejam capazes de fornecer PCEs superiores a 15%, a incorporação de óxido é considerada favorável para atenuar o efeito de histerese, que é um problema grave que pode sobrestimar ou subestimar a eficiência [5]. Herdadas dos DSSCs, as películas mesoporosas de TiO2 NP são amplamente introduzidas como estrutura de óxido para facilitar a extração de electrões. Como já foi referido, a geometria das NW é teoricamente melhor condutora de electrões do que as NP. Além disso, devido à excelente capacidade de absorção de luz da perovskite fotoactiva, a exigência de uma grande área de superfície interna do fotoanodo não é tão crucial como nas DSSC. Por estas duas razões, espera-se que as NW semicondutoras sejam uma plataforma promissora para a conceção de fotoelectrodos de células solares de perovskite.

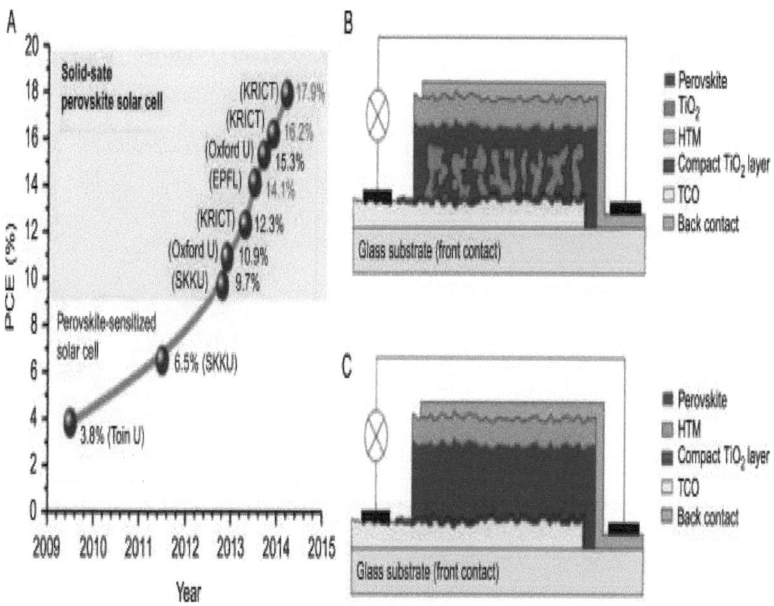

Evolução das células solares de perovskite organohalogenada. (A) Evolução da eficiência das células solares de perovskite. Vermelho (cinzento na versão impressa)
Os PCE são valores certificados. A SKKU, o KRIT e a EPFL representam Universidade de Sungkyunkwan, Instituto de Investigação da Coreia Tecnologia Química, e Ecloe Polytechnique Federate de Lausanne, respetivamente. (B, C) Esquema de meso-células solares de perovskite escópicas (B) e planares (C).

Estudos práticos de células solares de perovskite baseadas em NW semicondutoras têm sido frequentemente comunicados [6]. Kim et al. apresentaram uma célula solar de estado sólido utilizando uma matriz submicrométrica de TiO2 NR rutílica sensibilizada com nanopontos de perovskite CH3NH3PbI3. Um material de transporte de buracos de Spiro-MeOTAD foi infiltrado nas películas NR sensibilizadas com perovskite, produzindo uma eficiência de 9,4% sob iluminação de 1 sol com um Jsc de 15,6 mA cm- 2, Voc de 955 mV e FF de 0,63. Ao contrário de outras células solares baseadas em NW, tanto Jsc como Voc das células solares de perovskite diminuíram com NRs mais longas (Figura). Através da caraterização espectroscópica da impedância, sugeriu-se que a queda contínua da tensão com o aumento do comprimento da NR estava associada à eficiência da geração de carga e não à cinética da recombinação. Uma possível limitação deste trabalho é a pequena quantidade de carga de perovskite fotoactiva (Figura).

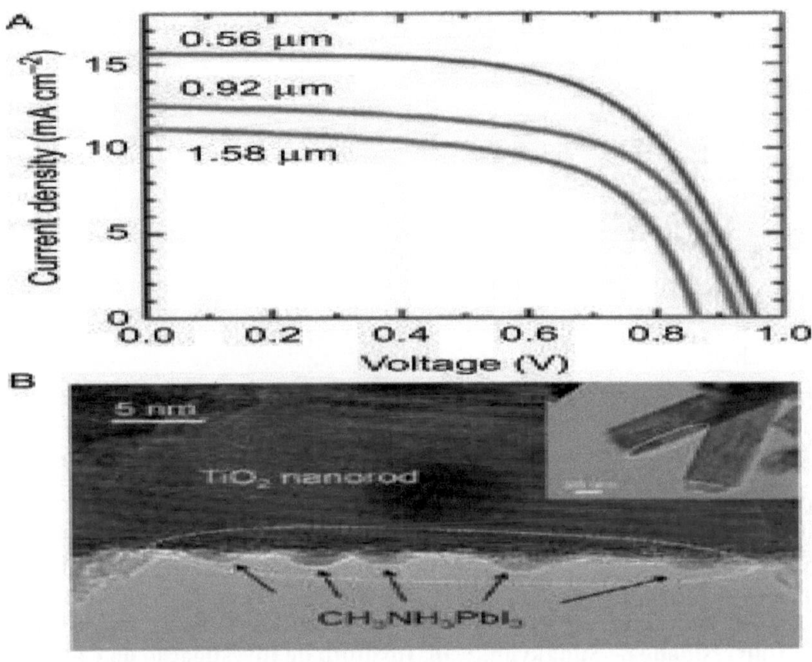

Células de solo de perovskite baseadas em TiO2 NW. (A) Curvas J-V montadas com CH#NH#PbI# como absorvente de luz, spiro-MeOTAD como materiais de transporte de orifícios, e TiO2 rutilo NW com comprimento diferente como suporte e transporte de electrões materiais. (B) Imagem TEM de TiO2 NW com Deposição de CH3NH3PbI3.

Em comparação com a estrutura de NW pristina, uma das principais vantagens da aplicação de NW ramificadas em 3D à sociedade fotovoltaica de perovskite é a capacidade acentuadamente melhorada de suportar perovskite fotoactiva. Yu e colegas desenvolveram uma célula solar eficiente de perovskite de iodeto de chumbo baseada na nova arquitetura 3D TiO2 NW. A nanoestrutura de TiO2 3D monocristalina, de alta densidade e uniformemente ramificada foi criada pela técnica de deposição de vapor químico pulsado (SPCVD) limitada pela reação de superfície (Figura: A-C) (Shi et al., 2011a). Foi também identificado um desempenho fotovoltaico semelhante, dependente do comprimento, nestas células solares de perovskite baseadas em TiO2 3D (Figura: D e E). O PCE de até 9,02% foi alcançado com a estrutura 3D TiO2 NW de ~ 600 nm de comprimento. Devido à maior quantidade de carga de perovskite, à maior eficiência na captação de luz e ao aumento da propriedade de transporte de electrões, a eficiência do TiO2 3D foi 1,5 e 2,8 vezes superior à dos nanotubos de TiO2 e das NW de ZnO, respetivamente. A Figura 16F e G demonstra a forte absorção de luz em toda a região da luz visível e o efeito de histerese amplamente suprimido, sugerindo a grande quantidade de carga de perovskite, a boa caraterística de dispersão da luz e a capacidade eficaz de extração de electrões deste sistema. As vantagens morfológicas únicas, juntamente com a propriedade de entrega rápida de carga, fazem das NWs semicondutoras 3D um candidato promissor a elétrodo na conceção criteriosa de células solares de perovskite de elevado desempenho.

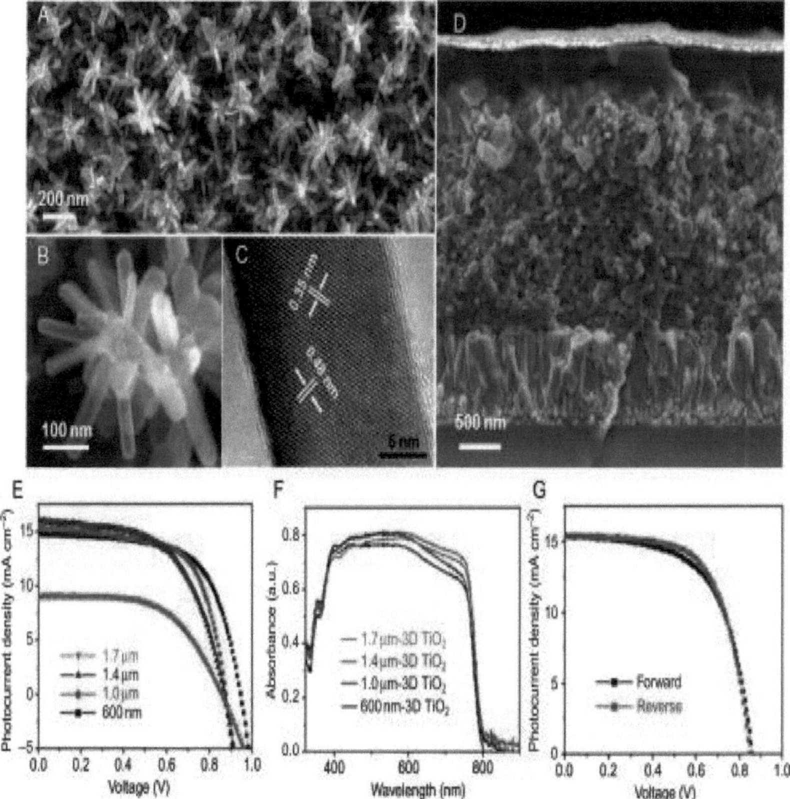

Células de solo de perovskite de iodeto de chumbo baseadas em #D TiO2 NW. (A) Vista plana de #D TiO2 NW. (B) Imagem SEM ampliada mostrando a estrutura NR ramificada em forma de árvore. (C) Imagem

TEM de alta resolução de um TiO2. (D) Imagens SEM de secções transversais de dispositivos 3D de perovskite à base de TiO2 com diferentes espessuras de película. (E) Curvas J-V de uma série de dispositivos de perovskite 3D à base de TiO2 com diferentes espessuras de película. (F) Absorção UV-Vis de TiO2 3D revestido com CH3NH3PbI3.- com diferentes espessura da película. (G) Curvas J-V de uma célula fabricada com 1,4 um longo 3D TiO2/ CH3NH3PbI3/spiro-MeOTAD/ Ag medido por meio de medições de avanço (preto) e de retrocesso (vermelho(cinzento na versão impressa) scancs com 7,5 passos de tensão mV e tempo de atraso de 200 ms em condições de sol 1.0.

11.4. Materiais à base de boro para células solares de perovskite (PSC)

Nos últimos anos, devido à facilidade de fabrico em grande escala com uma boa relação custo-eficácia, ao processo a baixa temperatura e à sua elevada eficiência, próxima da do silício, as PSCs planares de perovskite e p-i-n de halogenetos organo-metálicos têm recebido uma enorme atenção. No entanto, devido às fracas propriedades da interface, os PSCs planares p-i-n têm um baixo fator de enchimento e uma baixa densidade de corrente, o que resulta num baixo desempenho. Para resolver estes problemas, foi introduzido o BN como modificador de interface [7], o que demonstrou que o *NiOx* incorporado no BN (NiO:BN) funciona efetivamente como camada de transporte de orifícios (HTL) de PSCs planares p-i-n. Como resultado, os PSCs planares p-i-n baseados em NiO:BN representam uma eficiência de conversão de energia melhorada de 20,74% e estabilidade a longo prazo em ar ambiente durante 60 dias (mantiveram mais de 84% do seu PCE inicial), como se mostra na Figura. Assim, pode sugerir-se que o NiO:BN HTL é uma alternativa promissora para PSCs planares p-i-n de alto desempenho [8].

11.5. Caracterização

Existe um enorme interesse por uma vasta gama de materiais funcionais, como dispositivos fotovoltaicos, a partir de materiais de baixo custo e não tóxicos, através da conversão de biomassa residual. Os dispositivos fotovoltaicos, como as células solares sensibilizadas por corantes (DSSC), as células solares orgânicas, as células solares de perovskite e as células solares de pontos quânticos (QD), têm como objetivo reduzir os custos de produção e/ou obter eficiências de conversão de energia superiores ao limite de Shockley-

Queisser. Nesta secção, resumimos os progressos recentes das células solares à base de quitina e quitosana.

Os grupos amina do quitosano tornam-no um candidato promissor nas células solares orgânicas como camadas intermédias do cátodo. Além disso, a solubilidade dependente do pH do quitosano permite-lhe formar películas estáveis nas superfícies dos dispositivos. Wang e o seu grupo utilizaram o quitosano e os seus derivados como materiais de intercamadas catódicas em células solares orgânicas invertidas, empregando uma técnica de auto-montagem eletrostática Layer-by-Layer (eLbL). Esta técnica demonstrou ser uma abordagem adequada para obter filmes contínuos com cobertura total da superfície, uniformidade e espessura controlada à nanoescala. O desempenho da célula solar orgânica - o gráfico J-V - é apresentado na Figura. As películas de quitosano eLbL como intercamada catódica em células solares orgânicas invertidas oferecem uma eficiência de conversão de energia de 9,34%. Isto representa uma melhoria de aproximadamente 200% em relação às células sem camada intermédia catódica.

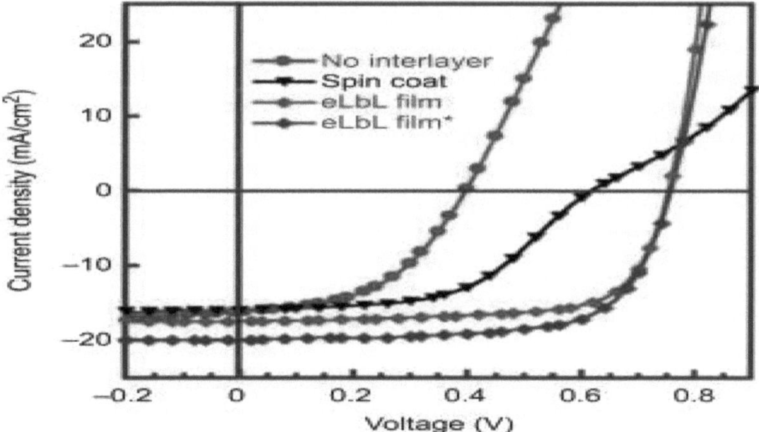

Curvas de densidade de corrente vs. voltagem das células orgânicas investigadas com filmes de derivados de quitosano revestidos por spin e filmes electrostáticos de derivados de quitosano automontados camada a camada com diferentes espessuras como intercamadas catódicas. Inclui-se também o ITO simples sem camada intermédia.

Para ultrapassar os inconvenientes dos electrólitos líquidos, tais como a fuga de solventes, a corrosão e a elevada volatilidade nas DSSC, foram referidos electrólitos de estado quase-sólido. Yahya et al. demonstraram a utilização de electrólitos de estado quase-sólido com quitosano, poli(fluoreto de vinilideno-hexafluoropropileno), líquido iónico de iodeto de 1-metil-3-propil-limidazólio e sais redox de iodeto/tri-iodeto em DSSCs e exibiram as mais elevadas eficiências de conversão de energia de 1,23% com condutividade iónica de 5,367×10-4 S/cm. Foi demonstrado o desempenho de nanodots de carbono derivados de quitina e quitosano como sensibilizadores para células solares nanoestruturadas à base de TiO2. Os nanodots de carbono derivados da quitina obtidos por carbonização hidrotérmica apresentam uma eficiência de conversão de energia solar de 0,22%. Titirici e colaboradores produziram pontos quânticos de carbono a partir de quitina, quitosano e glucose e utilizaram-nos para sensibilizar os nanobastões de ZnO à luz visível para células solares nanoestruturadas de estado sólido. Uma camada que combina quitosano e pontos quânticos de carbono derivados da quitina fabricou dispositivos com a eficiência mais elevada de 0,077%. A eficiência de captação de luz dos dispositivos pode ser melhorada através do revestimento de camadas mais espessas, mas sem aumentar a resistência em série, ou através do aumento da absorção de luz visível [9].

11.6. Trabalhos relatados de diferentes processos ALD

De acordo com a disponibilidade de tecnologia, o processo de deposição em camada atómica foi classificado em cinco tipos, consoante o processo físico envolvido e o objetivo da deposição. Nesta secção, os tipos de processos já mencionados na secção anterior são analisados em pormenor em diferentes casos.

11.6.1. ALD térmico

Diferentes cientistas e investigadores de todo o mundo têm estado a trabalhar em ALD térmica, que é um dos tipos mais populares nesta categoria. No caso da deposição de SnO2 por ALD, a tecnologia mais utilizada é a ALD térmica. Park e Choi depositaram SnO2 com uma vasta gama de temperaturas entre 50 °C-250 °C utilizando TDMASn e O3, o que proporcionou propriedades eléctricas muito boas para temperaturas de funcionamento mais elevadas.

11.6.2. ALD activada por plasma

A presença de plasma torna o processo favorável ao funcionamento a temperaturas de funcionamento mais baixas. Kuang et al. fabricaram SnO2 de baixa resistividade com maior mobilidade como camada de transporte de electrões para células solares de perovskite com temperaturas de fabrico de 50 °C e 200 °C. A temperatura mais elevada resultou num melhor PCE de cerca de 17,8%.

11.6.3. ALD com assistência fotográfica

Trata-se de uma tecnologia de baixo para cima, em que a energia de deposição provém da energia contida nos fotões. A possibilidade de depositar camadas selectivas de materiais torna este processo mais conveniente. Num estudo, Mikkulainen et al. depositaram cobre sobre uma camada de óxidos. O estudo revelou que o crescimento da película depende da interação entre os fotões e a camada de óxido.

11.6.4. ALD de metais

O processo Metal ALD destina-se a depositar uma camada metálica com ALD. Zanders et al. revestiram cobalto metálico puro. A resistividade do material era muito baixa no intervalo de 50 °C-250 °C sem qualquer pré-tratamento.

11.6.5. ALD catalítico

Este tipo de processo ALD gera catalisadores que melhoram a atividade catalítica, a estabilidade e a seletividade. Geralmente, a ALD térmica e a ALD de plasma estão a ser incorporadas para desenvolver catalisadores selectivos para diferentes aplicações [10].

11.7. Referências

[1]. Abhijeet R. Kadam, Sanjay J. Dhoble, em Rare-Earth-Activated Phosphors, 2022.

[2]. Tahir Farooq, em Advances in Triazole Chemistry, 2021

[3]. Yanhao Yu, Xudong Wang, em Semicondutores e Semimetais, 2016

[4]. Yanhao Yu, Xudong Wang, em Semicondutores e Semimetais, 2016

[5]. Burschka et al., 2013; Im et al., 2014; Jeon et al., 2014; Liu et al., 2013c; Mei et al., 2014; Nie et al., 2015; Zhou et al., 2014).

[6]. Dharani et al., 2014; Kumar et al., 2013; Son et al., 2014).

[7]. Fayaz Ali, em Fundamentals and Applications of Boron Chemistry, 2022.

[8]. Compósitos de quitina e quitosano para dispositivos electrónicos e de armazenamento de energia.

Yasir Beeran Pottathara, S. Thomas, em Handbook of Chitin Chitosan, 2020

[9]. A literatura da química heterocíclica, parte XVIII, 2018

Leonid I. Belen'kii, ... Natalya O. Soboleva, 2020.
[10]. (Brandon et al., 2015).

Capítulo (12)
Conclusões

A partir do estudo e da análise, podemos concluir que:

- A perovskite é um mineral de óxido de cálcio e titânio composto por titanato de cálcio. O seu nome é também aplicado a uma classe de compostos que têm o mesmo tipo de estrutura cristalina que o $CaTiO_3$, conhecida como estrutura de perovskite, que tem uma fórmula química geral $A^{2+}B^{4+}(X^{2-})_3$. Muitos catiões diferentes podem ser incorporados nesta estrutura, permitindo o desenvolvimento de diversos materiais artificiais.

- A perovskite de silicato é constituída por $(Mg, Fe)SiO_3$ ou $CaSiO_3$ (silicato de cálcio conhecido como davemaoite) quando dispostos numa estrutura de perovskite. As perovskitas de silicato não são estáveis na superfície da Terra e existem principalmente na parte inferior do manto terrestre, entre cerca de 670 e 2.700 km (420 e 1.680 milhas) de profundidade. Pensa-se que formam as principais fases minerais, juntamente com a ferropericlase.

- O Gabinete de Tecnologias de Energia Solar (SETO) do Departamento de Energia dos EUA apoia projectos de investigação e desenvolvimento que aumentam a eficiência e o tempo de vida das células solares híbridas de perovskite orgânica-inorgânica, acelerando a comercialização das tecnologias solares de perovskite e diminuindo os custos de fabrico.

- As perovskitas de halogenetos são uma família de materiais que demonstraram potencial para um elevado desempenho e baixos custos de produção em células solares. O nome "perovskite" provém da alcunha da sua estrutura cristalina, embora outros tipos de perovskites não halogenadas (como óxidos e nitretos) sejam utilizados noutras tecnologias energéticas, como as células de combustível e os catalisadores.

- As células solares à base de perovskite têm potencial para levar as actuais células solares a novos níveis, devido à sua maior eficiência de conversão, menor custo, flexibilidade e facilidade de fabrico. Além disso, revelam potencial para uma deposição fácil numa variedade de superfícies, incluindo as que são texturadas ou flexíveis. A sua utilização de materiais abundantes e baratos e processos de fabrico mais simples tornam-nas uma tecnologia promissora para o futuro da energia solar.

- Os materiais de perovskite podem ser utilizados numa vasta gama de aplicações para além das células solares, incluindo díodos emissores de luz, lasers e sensores. Esta versatilidade poderá fazer da perovskite um material valioso para uma variedade de indústrias diferentes.

  - Maior eficiência
  - Custos mais baixos
  - Flexibilidade
  - Diferentes aplicações

Printed by Books on Demand GmbH, Norderstedt / Germany